Philibert Schogt

Die wilden Zahlen

ROMAN

*Aus dem Niederländischen
von Thomas Hauth*

Albrecht Knaus

Titel der Originalausgabe «De wilde Getallen»
1998 erschienen bei
Arbeiderspers, Amsterdam/Antwerpen

Umwelthinweis:
Dieses Buch und sein Schutzumschlag wurden auf chlorfrei gebleichtem Papier gedruckt. Die vor Verschmutzung schützende Einschrumpffolie ist aus umweltschonender und recyclingfähiger PE-Folie.

Der Albrecht Knaus Verlag
ist ein Unternehmen der Verlagsgruppe Bertelsmann

1. Auflage
Copyright © 1998 by Philibert Schogt
© für die deutschsprachige Ausgabe
Albrecht Knaus Verlag GmbH München 2000
Umschlaggestaltung: Groothuis & Consorten, Hamburg
Gesetzt aus 11/15.4 pt. Berling
Satz: Filmsatz Schröter GmbH, München
Druck und Bindung: GGP, Pößneck
Printed in Germany
ISBN 3-8135-0137-X

1

Fünf plus drei gleich acht. Natürlich ist das schon immer so gewesen und wird auch immer so bleiben, doch noch nie hatte es mich derart in Begeisterung versetzt wie an diesem Donnerstagmorgen. Gerade erst wach geworden, blieb ich noch einen Moment liegen und übte mich, wie jeden Tag, im Kopfrechnen, um die letzten Nebelschwaden meiner Träume zu vertreiben. Zwei plus fünf, zwölf minus acht. Ab und zu streue ich auch schon mal so etwas wie siebzehn mal einundvierzig ein, doch es darf wiederum auch nicht zu anstrengend werden: Die dümmste Verletzung, die ein Athlet sich einhandeln kann, ist eine Muskelzerrung beim Einlaufen. In der Regel ziehen sich diese Zahlenspiele ziemlich lange hin, bevor ich mir ein Herz fasse und aufstehe, heute aber reichte es schon vollkommen, drei und fünf zu addieren. Das Leben war wunderschön und es sollte ein phantastischer Tag werden.

Nach einem schnellen Frühstück auf meinem Balkon fuhr ich mit dem Aufzug in den Keller, um mein Rad zu holen. Obwohl der Weg zum Campus über eine lange Strecke einladend bergab führt, widerstand ich den Versuchungen des Geschwindigkeitsrausches. Seit meiner großen mathematischen Entdeckung verhielt ich mich im Straßenverkehr äußerst vorsichtig, wie ein junger verantwortungsbewusster Vater. Außerdem war es schon ziemlich schwül und ich wollte, da ich zu einer wichtigen Besprechung unterwegs war, nicht allzu sehr ins Schwitzen geraten.

Jetzt, da die Prüfungsphase vorbei war, lagen die Universitätsgebäude verlassen da. Das verdorrte Gras auf der großen Wiese wurde aus zahlreichen Rasensprengern berieselt. Ich stellte das Rad am Ostflügel des Instituts für Mathematik und Informatik ab, aber ich hätte es mir gleich denken können: Die Türen waren fest verschlossen, so dass ich den Umweg zum Haupteingang machen musste.

Ich holte eine Kopie meines Artikels aus meinem Büro und ging weiter durch den langen Gang. Die meisten meiner Kollegen hatten ihren Urlaub bereits angetreten, doch Larry Oberdorfers Tür stand offen. Er saß vor dem Computer und lächelte wie immer zufrieden vor sich hin.

«So, so», rief er, als er mich vorbeigehen sah. «In der letzten Zeit kannst du dich wohl gar nicht vom Institut trennen!»

«Ich bin mit Dimitri verabredet», gab ich zurück.

So, so – mit anderen Worten: Was macht ein mittelmäßiger Mathematiker wie ich in seiner Freizeit im Institut? Wenn der wüsste!

Als ich mich dem Zimmer am Ende des Ganges näherte, wurde ich doch wieder nervös. Dimitri Arkanov war der *grand old man* unserer Fakultät. Vor fünf Jahren war er offiziell in Pension gegangen und von der Gehaltsliste gestrichen worden, aber auch als Emeritus erschien er noch allmorgendlich als Erster im Institut, um seine Forschungen mit nicht nachlassender Geisteskraft fortzusetzen.

Als ich eintrat, stand er am Fenster und sah hinaus auf die große Wiese, in Gedanken versunken, die mein Auffassungsvermögen wahrscheinlich weit überstiegen.

«Nimm Platz, Isaac», sagte er, ohne sich umzudrehen. «Nimm Platz.»

Mein Magen zog sich zusammen, als ich meinen Artikel, übersät mit seinen unleserlichen Kommentaren in blutroter Tinte, auf seinem Schreibtisch liegen sah. Ich versuchte mir einzureden, dass es kaum Anlass zur Sorge gäbe. Noch letzte Woche hatte Dimitri mich hier, in diesem Raum, stundenlang zu jedem Schritt in meiner Beweisführung befragt und meine Argumente von allen Seiten auf mögliche Fehler abgeklopft. Es war schon lange nach Sonnenuntergang gewesen, als er zwei stattliche Kognakschwenker vollgegossen hatte, um auf die Geburt des neuen Lehrsatzes anzustoßen. Er hatte allerdings darauf bestanden, auch die endgültige Fassung meines Artikels noch einmal gegenzulesen, bevor ich ihn an die *Number* abschicken sollte. Nicht, weil er befürchtete, dass wir etwas übersehen haben könnten, sondern um sich zu vergewissern, dass ich die Beweisführung klar umrissen und verständlich genug herausgearbeitet hatte, wenn schon nicht für ein breites Lesepublikum, so doch zumindest für den Durchschnittsleser der *Number*. Es fiel mir jedoch noch immer schwer, an mein Glück zu glauben. Auch wenn es höchst unwahrscheinlich schien, ich konnte die Möglichkeit nicht völlig ausschließen, dass er im letzten Augenblick doch noch einen gravierenden Fehler entdeckt hatte. Die rote Tinte bereitete mir Sorgen.

«Zu viele Rasensprenger», murmelte er. Er ließ sich mir gegenüber nieder und legte eine Hand auf meinen Artikel, als handelte es sich um die Bibel. «Isaac», sagte er mit getragener Stimme. «Es war mir erneut ein großes Vergnügen, dies hier zu lesen. Vielleicht sogar ein noch größeres als beim ersten Mal, denn jetzt konnte ich in aller Ruhe über die weitreichenden Konsequenzen deines Satzes nachdenken. Genau wie ich gehofft hatte, als ich dieses Problem vor über dreißig Jahren untersuchte, führen diese Ereignisse direkt ins Hochland der Zahlentheorie. Das Panorama, das du uns bietest, ist atemberaubend.»

Ich nickte nur kurz, insgeheim aber glühte ich vor Stolz über dieses Kompliment.

«Sieh dir das an.» Dimitri riss ein Blatt von einem Notizblock und schrieb eine Reihe von Gleichungen auf, die einige spektakuläre Zusammenhänge zwischen Begriffen aus verschiedenen Teildisziplinen herstellten, und zeigte, wie sie sich mehr oder weniger direkt aus meinem Lehrsatz ableiten ließen. Bald hatte er den unteren Rand der Seite erreicht und riss ein zweites Blatt von dem Notizblock ab.

Mir war nicht ganz klar, wovon er sprach. Ehrlich gesagt, ich verstand überhaupt nicht, was er meinte (entweder man versteht es oder man versteht es nicht; in der Mathematik gibt es keinen Mittelweg), aber ich war zu glücklich, um das zu bedauern. Es war kaum zu glauben. Noch vor zehn Tagen war ich so niedergeschlagen gewesen, dass Dimitri sogar schon von Sonderurlaub geredet hatte – ein gut gemeinter Rat, der mich aber vollends demoralisiert hatte –, und jetzt wandelten wir gemeinsam durch das Hochland der Zahlentheorie. Ich hätte ihm stundenlang zuhören können, dem großen Dimitri Arkanov, der mich zu einem «Gedankenaustausch» eingeladen hatte, und wahrscheinlich hätte ich das auch getan, wenn nicht in diesem Augenblick jemand an die Tür geklopft hätte. Dimitri war zu sehr in seine mathematischen Abhandlungen vertieft, um diese Störung wahrzunehmen, so dass ich seinen begeisterten Monolog unterbrechen musste.

«Aber sicher.» Mit zusammengezogenen Augenbrauen musterte er die Tür. Wieder wurde geklopft. «Ja?»

Es war Herr Vale. Trotz der Hitze trug er wie immer seinen dreiteiligen Tweedanzug. «Guten Morgen, Herr Professor Arkanov», grüßte er und verbeugte sich tief. «Guten Morgen, Herr Professor Swift. Was für ein Glück, dass ich Sie hier antreffe. Sie habe ich nämlich gerade gesucht.» Er zog ein Taschentuch hervor und tupfte sich den Schweiß von der Stirn.

In letzter Zeit hatte ich keine Sekunde mehr an ihn gedacht. Als wollte er sich für diese ungewohnte und glückselige Abwesenheit aus meinen Gedanken rächen, hatte er den unpassendsten Augenblick gewählt, um wieder aufzutauchen. Ich verspürte große Lust, ihn zurück auf den Gang zu schieben.

Dimitri hingegen war so zuvorkommend wie immer. «Auch Ihnen einen guten Morgen, Herr Vale!», rief er. «Was für eine Überraschung, Sie an einem Donnerstag hier anzutreffen!»

Herr Vale wandte sich an mich. «Es tut mir leid, dass ich Ihr Gespräch mit Herrn Professor Arkanov so grausam mit meinem Besuch unterbreche, der doch nur zum Ziel hat, Sie an unsere Verabredung morgen Nachmittag zu erinnern.»

«Aber das macht doch gar nichts», sagte ich freundlich lächelnd. In der Tat hatte ich die Verabredung vollständig vergessen.

«Der Zufall wollte es, dass ich gerade in der Nähe war. Ich bin mir nicht sicher, ob Frau Professor Lasalle Sie bereits gebeten hat, sie bei der Präsentation meiner jüngsten Forschungsergebnisse zu vertreten? Vielleicht ist es ihr ja entfallen; sie steht wegen der Prüfungen und des in Kürze bevorstehenden Auftritts ihrer Tochter in der Rolle der Titania in *A Midsummer Night's Dream* im Moment ja auch ziemlich unter Stress ...»

Während seines ermüdenden Monologs näherte er sich immer mehr dem Schreibtisch. Ich konnte meine eigene Kopie meines Artikels gerade noch mit einem Blatt Papier abdecken; als ich mich aber über den Tisch beugte, um auch Dimitris Exemplar vor allzu neugierigen Blicken zu schützen, wurde mir klar, dass ich damit Vales Aufmerksamkeit nur noch mehr darauf lenken würde. Rasch zog ich also meine Hand zurück. Die Wirkung dieser misslungenen Aktion war katastrophal. Herr Vale verstummte, hörte auf, sich die Stirn abzutupfen, und beugte sich vor, um besser lesen zu können, was ich so gern vor ihm verborgen hätte.

«Eine Lösung von Beauregards Problem der wilden Zahlen», las er laut vor, «von Isaac Swift.»

Dimitri sah mich fragend an. Als ich gelassen mit den

Schultern zuckte, wandte er sich wieder Herrn Vale zu. «Können Sie ein Geheimnis für sich behalten?»

Vale hatte wieder damit angefangen, sich die Stirn abzutupfen, dieses Mal im Zustand höchster Erregung. «Ob *ich* ein Geheimnis für mich behalten kann?», fragte er keuchend. «Ich kann weder meinen Ohren noch meinen Augen trauen, Herr Professor Arkanov. *Ich* war es nämlich, der Ihrem verehrten Kollegen die Lösung des Problems der wilden Zahlen gezeigt hat, und zwar vor nicht ganz drei Wochen!»

«Ich versichere Ihnen, Herr Vale», sagte ich, «dass mein Lösungsansatz nicht die geringste Ähnlichkeit mit Ihrem aufweist.»

«Nein, ganz sicher nicht», erwiderte er mit einem verächtlichen Lachen. «Sie haben ja auch drei Wochen Zeit gehabt, meine Beweisführung neu einzukleiden, ohne ihre Substanz zu ändern. Brillant, Herr Professor Swift, wirklich brillant.»

«Bitte beruhigen Sie sich, Herr Vale», sagte Dimitri beschwichtigend. «Sie wissen genauso gut wie ich, dass Isaac sich niemals zu einer solch unwürdigen Vorgehensweise herablassen würde.»

«Woher will ich das wissen? Woher wollen Sie das wissen? Schon seit mehr als einhundertfünfzig Jahren suchen Mathematiker in aller Welt nach einer Lösung für dieses Problem. Finden Sie es nicht zumindest ein klein wenig merkwürdig, dass urplötzlich, innerhalb von nur drei Wochen, noch dazu in ein und derselben Stadt, zwei Lösungen gefunden werden, vollkommen unabhängig voneinander? Das ist doch wirklich ein seltsamer Zufall, finden Sie nicht?»

«Warum urteilen Sie nicht selbst?» Ich schob mein Exemplar des Artikels an den Rand des Schreibtischs.

Ein flüchtiger Blick auf die erste Seite ließ ihn vor Wut erzittern. «Kennt Ihre Unverschämtheit keine Grenzen, Herr Professor? Sie zeigen mir meine eigene Arbeit!»

Hilflos sah ich zu Dimitri hinüber.

«Herr Vale», hob er feierlich an, während er aufstand. «Sie haben gerade einen schweren Vorwurf gegen meinen Kollegen erhoben, einen sehr schweren. Sie haben bestimmt Verständnis dafür, dass wir diese peinliche Angelegenheit äußerst umsichtig behandeln werden. Wir müssen die entsprechenden Vorschriften beachten. Wenn es stimmen sollte, was Sie da vorbringen – was Gott verhüten möge –, dann versichere ich Ihnen, dass wir die strengsten Disziplinarmaßnahmen ergreifen werden. Doch zunächst möchte ich Herrn Professor Swift unter vier Augen sprechen, um aus seinem Mund zu vernehmen, was er zu seiner Verteidigung anführen kann. Ich habe das vollste Vertrauen, dass es sich hier um ein unangenehmes Missverständnis handelt und dass alles bis morgen Mittag geklärt sein wird, wenn Sie zu Ihrer Verabredung bei ihm vorsprechen.»

Vale schnappte ein paar Mal nach Luft, um seinem Widerspruch Ausdruck zu verleihen, überlegte es sich jedoch anders und ließ die Luft mit einem langen, unregelmäßigen Seufzer aus seiner Lunge entweichen. «Ich teile Ihren Optimismus keineswegs, Herr Professor Arkanov», sagte er schließlich, «wenn dies aber den Vorschriften entspricht, werde ich das wohl zur Kenntnis nehmen müssen.»

Dimitri legte ihm eine Hand auf den Rücken und führte ihn hinaus. In der Tür drehte sich Vale noch einmal zu mir um. «Sie mögen vielleicht denken: Hier steht das Wort eines Berufsmathematikers gegen das eines Amateurs, also habe ich nichts zu befürchten. Doch merken Sie sich meine Worte, Professor Swift: Die Gerechtigkeit wird siegen! Die Gerechtigkeit wird siegen!»

«Dafür werden wir Sorge tragen.» Dimitri bugsierte ihn mit dem sanften Druck seiner Fingerspitzen auf den Gang. Als er die Tür hinter sich geschlossen hatte, sank er wieder in seinen Stuhl und rieb sich, von seinen diplomatischen Bemühungen erschöpft, die Augen. Er nahm meinen Artikel, legte ihn aber gleich wieder beiseite, nicht länger in der Stimmung für abstrakte Gedankengänge.

«Die Gerechtigkeit wird siegen!», drang es vom Ende des Ganges zu uns herüber.

Dimitri und ich sahen einander fest in die Augen. Wir konnten den Schein der Ernsthaftigkeit jedoch nicht lange wahren und brachen in schallendes Gelächter aus.

«Ich hätte es wissen müssen», sagte ich und rieb mir die Tränen aus den Augen. «Und jetzt?»

«Überlass das ruhig mir. Wirf du nur schnell deinen Artikel in den Briefkasten, bevor er für noch mehr Unruhe sorgt.»

Er begleitete mich zur Tür. «Oh ja, das hätte ich beinahe vergessen: Ich habe heute Morgen Daniel Goldstein angerufen. Er ist sehr gespannt auf deinen Artikel, er kommt gerade noch rechtzeitig vor der Deadline für die August-Nummer.» Er sah, wie meine Augen größer wurden. «Ich hatte dir doch gesagt, dass ich es ihm erzählen wollte? Es kann nichts schaden, wenn man dem Glück ein wenig auf die Sprünge hilft. Die mathematische

Fachwelt muss die gute Nachricht möglichst schnell empfangen.»

«Nicht, dass es mir was ausmachen würde. Ich kann nur immer noch nicht so richtig glauben, dass das alles wirklich passiert.»

«Und das ist erst der Anfang.» Er lachte und klopfte mir aufmunternd auf die Schulter. «Dann bis morgen. Wenn ich mir erst einmal etwas für den armen Herrn Vale habe einfallen lassen, können wir mit unseren mathematischen Betrachtungen vielleicht wieder dort anknüpfen, wo wir heute stehen geblieben sind.»

Auf dem Weg ins Sekretariat musste ich wieder an Larrys Zimmer vorbeigehen. Um mir weiteren Ärger zu ersparen, rollte ich meinen Artikel zusammen, damit er den Titel nicht lesen konnte.

Er schien völlig in seine Arbeit vertieft zu sein, aber als ich an seiner Tür vorbeiging, sprang er plötzlich auf und rief: «Die Gerechtigkeit wird siegen! Die Gerechtigkeit wird siegen!» Er sah, wie sehr ich erschrak, und fiel lauthals lachend zurück in seinen Stuhl.

Ich warf ihm einen betont amüsierten Blick zu.

«Was war denn eigentlich mit ihm los, ich meine, außer dem üblichen Trara?»

«Keine Ahnung», sagte ich. «Vielleicht verträgt er die Hitze nicht.» Um meiner Erklärung Nachdruck zu verleihen, fächelte ich mir mit dem zusammengerollten Artikel kühle Luft zu.

«Pass nur auf, Isaac. Gleich taucht er mit einem Jagdgewehr in den Händen wieder hier auf.»

«Ich werde daran denken.» Schnell ging ich weiter, bevor Larry die nächste witzige Bemerkung einfallen würde.

Während ich im Sekretariat nach einem Umschlag und nach Briefmarken suchte, schaute ich mich immer wieder um, als erwartete ich allen Ernstes, dass Herr Vale hinter mir auftauchen und ein Gewehr auf mich richten würde. In jedem Fall schien es mir das Sicherste zu sein, den Artikel auf dem Nachhauseweg einzuwerfen, statt ihn hier auf dem Stapel «Ausgehende Post» liegen zu lassen. Ich vergewisserte mich, dass die Luft rein war, und schlüpfte hinaus.

Als ich den Campus auf dem Rad verließ, fühlte ich mich erleichtert; zwei Blöcke weiter konnte ich schon wieder lachen. Ich warf den Umschlag in den ersten Briefkasten, an dem ich vorbeikam, und radelte pfeifend weiter. Fünf plus drei war noch immer gleich acht. Vales Wutausbruch war kaum mehr als ein Mückenstich an einem wunderschönen Sommertag. Mein Artikel war unterwegs zur *Number* und es gab nichts, womit Vale das hätte verhindern können.

Ja, mein Artikel war unterwegs zur angesehensten Zeitschrift in meinem Fachgebiet! Um von seinen Mathematikerkollegen ernst genommen zu werden, muss man mindestens einmal in seiner Karriere die Seiten dieser Fachzeitschrift geschmückt haben. Selbstverständlich hat Dimitri im Laufe der Jahre regelmäßig Beiträge in *Number* veröffentlicht. Innerhalb unserer Fakultät nimmt bedauerlicherweise Larry den zweiten Platz ein – wenn auch weit abgeschlagen –, was jedoch ohne Zweifel keine geringe Leistung ist, wenn man bedenkt, dass er erst neunundzwanzig ist («Es dauert nicht mehr lange, bis ich den alten Russen überhole», pflegt er sich zu brüsten). Eine Hand voll anderer Kollegen hat ein oder zwei Publikationen in dieser prestigeträchtigen Zeitschrift vorzuweisen. Ich persönlich hatte die Hoffnung bereits aufgegeben. Ist man erst einmal fünfunddreißig – was für einen Mathematiker ziemlich alt ist – und noch immer «*Number*-los», wie wir das nennen, so befindet man sich unzweifelhaft auf dem Weg in die ewige Anonymität. Man wird nie zitiert, man sieht sich dazu verurteilt, bei Kongressen in den hinteren Reihen zu sitzen, sofern es einem überhaupt gelingt, das erforderliche Geld für die Teilnahme an diesen Zusammenkünften aufzutreiben. Doch mit der Lösung des Problems der wilden Zahlen würde sich für mich alles ändern. Es hatte lange auf sich warten lassen, doch ein spektakuläreres Debüt hätte ich mir nicht wünschen können.

Das musste gefeiert werden. Auf dem Nachhauseweg machte ich einen Umweg zu einer Wein- und Spirituosenhandlung, wo ich eine Flasche Champagner kaufte, die ich am Tag darauf zu der Grillparty bei Stan und Ann mitnehmen wollte. Stan hatte meine ewige Dankbarkeit verdient: Er hatte mir geholfen, die finstersten Augenblicke zu überstehen, und mich überredet, meine Ergebnisse Dimitri zu zeigen. Ich freute mich auf seinen freundschaftlichen Knuff gegen meine Schulter und auf Ann, die sich mit ihrem schönen Körper sozusagen als Glückwunsch leicht neckend an mich schmiegen würde. Ich hoffte, dass auch Vernon Ludlow wieder mit von der Partie sein würde, dieser Besserwisser, der auf der letzten Fete behauptet hatte, die Mathematik sei ein Fach, das der Vergangenheit angehöre. Oder sogar Betty Lane, die verbitterte geschiedene Frau, mit der Ann mich hatte verkuppeln wollen. Dieses Mal würde ich ihren

Zynismus mit einem sonnigen Lächeln parieren, ohne Zweifel zu ihrem Ärger.

> Vom Dschungel auf Yukatan
> Bis an die Berge von Afghanistan:
> Wo ist man kein Fan
> Von Ann und Stan, Stan und Ann?

Im Rhythmus dieser Strophe radelte ich das steilste Stück des Hügels hinauf. Es waren die einzigen Zeilen, die mir bisher für die Rede eingefallen waren, welche ich anlässlich der Hochzeit der beiden halten wollte. Wie eine eingängige, aber grauenhafte Melodie aus einem Werbespot hatten sie mich in den Nächten gequält, in denen ich mich wegen der wilden Zahlen ohnehin schlaflos herumgewälzt hatte. Jetzt sah ich es vor mir, wie ich während des Festessens einen Toast auf Braut und Bräutigam ausbringen und mein Glas heben würde. «Vom Dschungel auf Yukatan bis an die Berge von Afghanistan», würde ich sagen, während ich einen Gast nach dem anderen ansah, «wo ist man kein Fan», anschließend eine spannungsgeladene Stille, «wo ist man kein Fan», und dann, die Augen halb geschlossen, mit einem geheimnisvollen Lächeln: «von Ann und Stan, Stan und Ann?» Die Hochzeitsgäste würden in lautes Lachen ausbrechen und mir ohrenbetäubend zujubeln. Nicht, dass diese Zeilen auf einmal etwas taugten, aber ich wäre nun Isaac Swift, der berühmte Mathematiker, der die wilden Zahlen gezähmt hatte.

Bald war ich wieder in meiner Wohnung und der Champagner im Kühlschrank. Leider stand die Hochzeit noch lange nicht auf der Tagesordnung und die Grillparty sollte erst morgen stattfinden. Ich musste etwas unternehmen, um mein starkes Bedürfnis, den Erfolg zu feiern, unverzüglich zu befriedigen, aber mir fiel so schnell niemand ein, den ich hätte anrufen können. Kate, meine Verflossene, wüsste einen Anruf ganz bestimmt nicht zu schätzen; meine Mutter würde meine Aufgeregtheit erst recht nicht verstehen. «Schön für dich», hörte ich sie schon mit ihrer flachen, freudlosen Stimme sagen. Mein Bruder Andrew wurde zu sehr von seinen Kindern beansprucht. Und was meinen Vater anging: Seit er vor einigen Jahren mit seiner neuen Freundin an die Westküste gezogen war, beschränkte sich unser Kontakt auf Weihnachts- und Geburtstagskarten. Nein, da war es mir schon lieber, dass sie es aus der *Chronicle* erfuhren.

Die *Chronicle* oder irgendeine andere Zeitung aus dem In- oder Ausland! Normalerweise hat die schreibende Zunft kein Interesse an der Mathematik. Es schreckt die Journalisten ab, dieses Fach, unter dem sie in der Schule so sehr gelitten haben. Von einer seltenen, schön anzusehenden Aufnahme eines Fractals oder sporadischen Hinweisen auf die immer interessant klingende Chaostheorie abgesehen, ist die Mathematik in eine Ecke der Rätselseite verbannt worden, zur Erheiterung der wenigen, die an einem verregneten Sonntagnachmittag ihre Intelligenz auf die Probe stellen wollen. Meine Lösung des Problems der wilden Zahlen war allerdings eine Neuigkeit, die man nicht ignorieren konnte. Auch wenn es den Journalisten schwer fallen würde, ihren Lesern das Problem zu erklären. Hoffentlich wurde den Leuten auch klar, dass mein Beitrag einen wichtigen Durchbruch darstellte, solchen Leuten wie Kate oder meiner Mutter, die mir ständig in den Ohren gelegen hatten, ich solle die reine Mathematik lieber aufgeben und mich konkreteren und nützlicheren Dingen wie zum Beispiel Computern zuwenden. Es gab nichts Besseres, um Kritikern wie ihnen das Maul zu stopfen, als meinen Namen in der Zeitung!

Ich musste noch ein wenig Dampf ablassen und so machte ich mich daran, meine Wohnung aufzuräumen. Die wilden Zahlen hatten mir kaum Zeit für den Haushalt gelassen. Während ich die vielen Blätter, die bei mir im Arbeitszimmer herumlagen, in Müllsäcke stopfte, schwelgte ich in einem Tagtraum von einem internationalen Symposium, das mir zu Ehren veranstaltet wurde. Ich schüttelte mehrmals den Kopf, um aus meinem Größenwahn zu erwachen. War es denn wirklich Größenwahn? Was hatte Dimitri doch gleich gesagt: Die Veröffentlichung in der *Number* war erst der Anfang. Aus der ganzen Welt würden mir Einladungen zugehen, in den nächsten Monaten würde ich mehr Leute kennen lernen als in den letzten fünfzehn Jahren und Frauen würden mich jetzt, da ich nicht einfach nur ein Mathematiker, sondern ein berühmter Mathematiker war, plötzlich attraktiv finden, nicht nur exzentrisch oder vielleicht noch amüsant.

Als ich mit dem Aufräumen fertig war, hatte ich noch immer zu viel Energie. Trotz der drückenden Hitze zog ich mich für meine tägliche Jogging-Runde im Park um. Das Sonnenlicht stach mir so sehr in die Augen, dass es wehtat, das Atmen fiel mir schwer und dennoch flog ich über die Wege wie ein Olympiasieger. Ich überholte eine

Joggerin, deren Pferdeschwanz fröhlich auf- und abwippte, und sprintete an ein paar pubertierenden Jugendlichen auf einer Parkbank vorbei, ohne auf ihre düsteren, herausfordernden Blicke zu achten. Ein Stück weiter winkte ich einem Nachbarn zu, der sich im Bumerangwerfen übte; er war so schlau gewesen, seinen Hund mitzunehmen, der ihm das Wurfholz jedesmal zurückbringen musste.

«Isaac Swift dreht jeden Tag seine Runde», dachte ich, als läse ich in der Zeitung einen Artikel über mich. «‹Durch Joggen bleibt der Geist klar›, erklärt er. ‹Kaum jemand weiß, in welchem Maß die Mathematik an den geistigen und körperlichen Kräften zehrt. Joggen hält mich in Form.›»

Interviews mit bekannten Persönlichkeiten haben mich schon immer geärgert. Durch ihren Erfolg erscheint im Rückblick alles so einfach, jeder willkürliche Schritt so bedeutungsschwanger. Beim Joggen im Park konnte jedoch auch ich auf einmal alles im Licht meiner jüngsten Großtat betrachten. Es hatte eine Art Revolution von kopernikanischen Ausmaßen stattgefunden. Vor meinem Geniestreich, der das Problem der wilden Zahlen löste, hatte ich in einem Zustand der Verwirrung gelebt und verzweifelt nach einer Erklärung für meine seltsamen Gedankensprünge gesucht. Jetzt, da meine brillante These zum Mittelpunkt meines Weltalls geworden war, passte alles zusammen. Sogar meine schmerzlichsten Erinnerungen beschrieben eine ordentliche Bahn um die neugeborene Sonne und spiegelten deren wunderschönes Licht wider. Mein Leben war so einfach geworden wie fünf plus drei.

Wieder zu Hause, nahm ich eine lange, kalte, herrliche Dusche. Ich schlüpfte in meinen Bademantel und ging in die Küche, wo ich mir eine Kanne Eistee zubereitete. «Die Art, in der er uns etwas zu trinken macht, hat etwas Unbeholfenes», lasse ich die Journalistin, die mich interviewt, schreiben, «doch hier, in diesem schlicht möblierten Apartment, im warmen Licht des Sommernachmittags, spüre ich die Nähe eines unergründlich tiefen Geistes.»

«Isaac, Isaac!», rief ich laut, während ich mit der Faust auf die Anrichte schlug. Doch wie amüsierte Eltern konnte ich ein Lächeln über meine dreiste Phantasie nicht unterdrücken.

Den Abend verbrachte ich auf dem Balkon. Um nicht einkaufen gehen zu müssen, hatte ich mir eine Pizza spendiert. Dem überraschten Blick und dem Gestammel des Pizzakuriers nach zu urteilen, hatte er noch nie ein derart großzügiges Trinkgeld bekommen. Die leere Verpackung lag nun vor mir auf dem Boden. Ich nippte genüsslich an einem Bier und betrachtete die Fledermäuse, die ab und zu vorbeiflatterten. Sie tauchten auf und verschwanden ebenso überraschend wie die Musikfetzen, die von einer Party auf der anderen Seite des Parks zu mir herüberdrangen. Ich hatte Lust, mit einer Frau zu schlafen, doch mein Verlangen war ebenso mild wie der Abend und es reichte mir vollkommen, hier in aller Ruhe zu sitzen und den Blick über die Stadt schweifen zu lassen. In der Ferne blinkten die drei weißen und die zwei roten Strahler des Fernsehturms, die roten geringfügig langsamer als die weißen. Seit meiner frühen Jugend will es mir einfach nicht gelingen, zwei unterschiedliche

Rhythmen mit den Händen mitzuschlagen. Ein erneuter Versuch fesselte mich so sehr, dass es eine Weile dauerte, bis mir endlich klar wurde, dass es mein Telefon war, das da läutete. Ich stand auf und ging ins Zimmer.

«Herr Professor Swift?» Eine mir nur zu bekannte Stimme.

«Sie wissen doch, dass Sie uns nicht zu Hause anrufen sollen», sagte ich streng.

«Mir scheint, der Ernst der Lage rechtfertigt diesen Verstoß gegen die Etikette durchaus», antwortete Herr Vale. «Heute Morgen war ich außer mir, inzwischen aber ist mein Ärger einem gewissen Mitleid gewichen. Wie verzweifelt müssen Sie sich nach Erfolg sehnen, dass Sie es wagen können, das Werk eines anderen glatt zu stehlen. Ich bin kein gottesfürchtiger Mensch, Herr Professor, doch ich verspüre den Wunsch, für Sie zu beten. Jawohl, zu beten, dass Ihnen die Einsicht zuteil werden möge, welch schrecklichen Fehler Sie damit begehen.»

«Herr Vale, ich kann lediglich wiederholen, was ich Ihnen bereits heute Morgen gesagt habe: Wenn es jemanden gibt, der sich irrt, dann sind Sie es.»

«Welcher tückische Dämon hat von Ihrer Seele Besitz ergriffen und ermutigt Sie zu solch einer grotesken Verdrehung der Wahrheit? Ich flehe Sie an, Herr Professor, hören Sie auf Ihr Gewissen, hören Sie auf die Stimme der Vernunft.»

«Nein, jetzt hören Sie mir gefälligst mal zu! So kommen wir nicht weiter. Wir reden morgen in meinem Büro darüber. Bis dann.» Ohne eine Antwort abzuwarten, legte ich auf.

Kaum war ich wieder auf den Balkon getreten, klin-

gelte das Telefon erneut. Dieses Mal ließ ich es läuten.
Ich wollte mir diesen herrlichen Abend nicht von Herrn
Vale ruinieren lassen. Nach dem fünfzehnten Klingelzeichen verstummte der Apparat, jedoch nur solange, wie
nötig war, um meine Nummer erneut zu wählen. Ich hätte natürlich hineingehen und den Stecker herausziehen
können, doch das Telefonklingeln und die synkopischen
roten und weißen Blitze des Fernsehturms bildeten eine
komplexe Struktur, die mich immer mehr faszinierte. Ich
legte die Füße auf die Brüstung, lehnte mich etwas weiter zurück und nahm noch einen Schluck Bier.
«‹Strukturen. Mathematik ist die Liebe zu Strukturen›,
so sagte Swift, ‹auf diesem Balkon hatte ich, während ich
einfach so dasaß und mir diese Strahler ansah, einige meiner besten Ideen.›»

2

Im september des vergangenen Jahres war er, ein Mann mittleren Alters, zum ersten Mal bei mir aufgetaucht, in meiner Algebraübung für Erstsemester. Gekleidet in einen dreiteiligen Tweedanzug, saß er in der ersten Reihe, eine große Ledertasche unter dem Pult. Zwischen den frisch gebackenen Abiturienten in T-Shirts und Jeans war er eine auffällige Erscheinung. Er sprach mich mit so viel Ehrfurcht in der Stimme an, dass ich anfangs dachte, er wolle sich über mich lustig machen: Ob der Herr Professor etwas dagegen habe, dass er die Übung auf Band aufnehme? Als ich dies verneinte, zog er den Reißverschluss seiner Tasche auf und holte ein altmodisches Tonbandgerät heraus, das er vor sich auf den Tisch stellte. Ein paar Jungs – und natürlich auch ein paar Mädchen, obwohl die wie immer deutlich in der Minderheit waren – fingen hinter seinem Rücken an zu kichern. Schon beschlich mich die Befürchtung, dass ich mir mit ihm einen ziemlichen Brocken eingehandelt haben könnte. Aus Erfahrung weiß ich, dass ältere Studenten oft für Probleme sorgen.

Ich hatte gerade erst mit den gleichen Formalitäten wie jedes Jahr angefangen – der Literaturliste, dem Verteilen eines Papierblattes, auf dem alle ihre Namen und Adressen eintragen sollten, der Bekanntgabe des vorläufigen Datums für die Prüfungen kurz vor Weihnachten –, als er die Hand hob.

«Vergeben Sie mir diesen Freimut, Herr Professor, mit dem ich keineswegs Ihre guten Absichten in Abrede stellen will, doch wir sitzen hier und notieren uns gehorsam den Prüfungstermin, bevor wir uns überhaupt die Frage gestellt haben: ‹Was ist Algebra?›»

«Lassen Sie mich eben noch die technischen Details abwickeln, Herr ...»

«Vale. Leonard Vale.»

«Ah ja, Herr Vale. Haben Sie bitte noch einen kurzen Moment Geduld, ich komme gleich auf Ihre Frage zurück.»

«Mir wird ganz warm ums Herz ob Ihrer beruhigenden Worte, Herr Professor. Leider stolpern wir nämlich allzu oft blindlings auf dem so genannten Pfad der Erkenntnis vorwärts, ohne uns je Gedanken über den größeren Plan zu machen.»

«Ja, da könnten Sie Recht haben. Gut. Wie bereits gesagt, die Prüfung wird voraussichtlich am zehnten Dezember stattfinden.»

Ein paar Minuten später, als ich gerade die ersten Grundbegriffe der Algebra erläuterte, hob er erneut die Hand. Jetzt wollte er wissen, ob ich mich mit der Kontinuumhypothese abgefunden hätte.

«Tut mir leid, Herr Vale, aber ich sehe keinen Zusammenhang zwischen der Kontinuumhypothese und dem, worüber wir gerade sprechen.»

«Erlauben Sie mir, ihn darzulegen?»

«Wenn es Ihnen nichts ausmacht, möchte ich das lieber nicht. Wir müssen heute noch eine ganze Menge Stoff durchnehmen.»

«Aber natürlich, Herr Professor. Fahren Sie fort.»

«Ich danke Ihnen.» Mein Sarkasmus war ihm gänzlich entgangen, aber einige seiner Kommilitonen konnten sich ein Lachen nicht verkneifen.

Während der ganzen Lehrstunde stellte Herr Vale irrelevante Fragen und gab seine philosophischen Anschauungen zum Besten. Wir brauchten so viel Zeit für die «Kontemplation des größeren Plans», dass ich lediglich die Hälfte des Übungsstoffes durchnehmen konnte.

Noch im Laufe derselben Woche beklagte sich auch Angela Lasalle über ähnliche Probleme mit Vale. Andere Kollegen schlossen sich an.

Wir zogen bei der Hochschulverwaltung Erkundigungen über ihn ein. Er hatte sich als Studienanfänger für ein Vollstudium immatrikuliert und war einer der Ersten gewesen, der die Studiengebühren überwiesen hatte. Sein Abitur lag länger zurück als meines, war aber noch immer gültig. Kurz, er hatte das vollste Recht, die Lehrveranstaltungen zu besuchen.

Nicht nur *während* der Übungen machte Herr Vale Probleme. Ich hatte zwei außergewöhnlich begabte Studenten, Sebastian O'Grady und Peter Wong, für die es geradezu ein Vergnügen war, nach den Übungen eine breite Skala mathematischer Fragen mit mir zu erörtern, für mich eine willkommene Abwechslung von der Unterrichtsroutine – jedenfalls solange, bis Herr Vale dies mitbekam und den Entschluss fasste, sich unserer zwanglosen Runde anzuschließen. Seine bizarren Assoziationen machten jedes Gespräch unmöglich. Er ertrug es nicht, übergangen zu werden, und wurde ziemlich aggressiv, wenn einer von uns die Relevanz seiner Zwischenbemerkungen in Zweifel zu ziehen wagte. Schon nach nicht allzu langer Zeit musste ich mit Bedauern zusehen, wie Peter und Sebastian dazu übergingen, jeweils unmittelbar nach dem Ende der Übung den Raum zu verlassen.

Die Assistenten beklagten sich, dass Vale ihnen während der Tutorien ständig ins Wort falle, wobei er auch sie mit «Herr Professor» anspreche. Er stürzte die anderen Studenten wiederholt in Verwirrung, indem er zu den einfachen Lösungen, die gerade an der Tafel entwickelt wurden, absurd komplizierte Alternativen vortrug.

Er fing sogar an, uns zu Hause anzurufen, manchmal noch nach elf Uhr abends. «Es tut mir schrecklich leid, dass ich Sie zu dieser späten Stunde noch stören muss», pflegte er zu sagen, «doch die Inspiration hält sich nicht an die Bürostunden.»

«Warum sagt ihr ihm nicht einfach mal, dass er die Klappe halten soll?», schlug Larry uns während einer Kaffeepause vor. Seine Übung für Erstsemester sollte erst in der folgenden Woche anfangen, weshalb er noch nichts mit Vale zu tun gehabt hatte.

«Als ob wir das nicht längst probiert hätten!», entgegnete Angela. «Das Problem ist: Er denkt, dass er uns allen einen Riesendienst erweist. ‹Ich verstehe Ihren Wunsch nach Fortsetzung der Lehrveranstaltung›, hat er vor ein paar Tagen zu mir gesagt, ‹doch als Wissenschaftler halte ich es für meine Pflicht, den Rest der Klasse an meinen Erkenntnissen teilhaben zu lassen.› Er ist einfach unbelehrbar. Warte nur ab, am Montag wirst du merken, was ich meine.»

«Ich kann es kaum erwarten», sagte Larry.

An dem besagten Montag saßen Angela, Dimitri und ich in der Kantine beim Mittagessen, als Larry hereinkam, der noch selbstbewusster wirkte als sonst.

«Wie stopfe ich Herrn Vale das Maul, Lektion eins», sagte er grinsend. Er stellte seine Lunchdose auf unseren Tisch und sah uns erwartungsvoll an.

«Na, schieß schon los», seufzte Angela. «Setz dich hin und erzähl.»

«Gleich beim allerersten Mal, als Vale den Mund aufmachte», sagte er, «habe ich ihn gewarnt, dass ich nicht eine einzige Ruhestörung dulden werde. Er wandte ein, er habe das Recht, Fragen zu stellen. Ich habe ihm geantwortet, dass seine Beiträge zu wenig kohärent seien, um als solche zu gelten, ergo stellten sie eine Ruhestörung dar. Anschließend habe ich ihn darauf hingewiesen, dass Angehörige des Lehrkörpers jederzeit das Recht haben, Unruhestiftern den Besuch der Lehrveranstaltungen zu untersagen. Daraufhin regte er sich noch mehr auf: ‹Wie können Sie es wagen, mich als Unruhestifter zu bezeichnen, Herr Professor Oberdorfer? Ich verlange eine offizielle Entschuldigung.› Ich sagte, dass eine offizielle Entschuldigung eine offizielle Beschwerde voraussetze, die zuerst beim Disziplinarausschuss der Hochschulverwaltung eingereicht werden müsse. ‹Genau das habe ich vor›, sagte er. ‹Je früher, desto besser›, habe ich ihn ermutigt und ihm den Weg zum Verwaltungsgebäude beschrieben. Ich schwöre euch, ich habe noch nie einen derart roten Kopf gesehen. Die Adern auf seiner Stirn waren kurz vor dem Platzen. Er nahm seine Bücher und das prähistorische Tonbandgerät, das er ständig mit sich herumschleppt, und stürmte aus dem Raum. Meine Studenten haben mich mit stehenden Ovationen belohnt.»

Nachdem er seine Geschichte losgeworden war, tat Larry, als wäre es ihm egal, wie wir darauf reagierten. Leise eine Bach-Melodie summend, öffnete er seine Lunchdose, nahm ein Sandwich heraus und bog es leicht auseinander, um nachzusehen, womit es belegt war. «Thunfisch», teilte er uns mit.

Dimitri ergriff als Erster das Wort. «Jemanden aufzufordern, eine Beschwerde beim Disziplinarausschuss einzureichen, scheint mir nicht ganz das Gleiche zu sein wie ‹jemandem das Maul zu stopfen›. Meines Erachtens haben wir uns gerade ‹Wie vergrößere ich ein Problem, Lektion eins› angehört.»

«Ich bitte dich, dort nehmen sie ihn doch niemals ernst.»

«Darauf würde ich mich an deiner Stelle nicht verlassen.» Dimitri blinzelte Angela und mir zu. «Im Gegenteil: Ich würde sogar meinen, dass seine Chancen gar nicht mal so schlecht stehen.»

Soweit kam es jedoch nicht. Noch am selben Nachmittag rief eine gewisse Frau Vale-Richardson im Institut an. Ihr Bruder sei völlig außer sich nach Hause zurückgekehrt. Ob sie bitte auf ein kurzes Gespräch zu uns kommen dürfe.

Zwei Stunden später betraten Angela und ich Dimitris Büro, um sie zu begrüßen. Larry hatte es nicht für nötig gehalten, dabei zu sein, und war zum Squash gegangen.

Die arme Frau, mit dem informellen Umgang an der Universität offenbar nicht vertraut, hatte ihre Sonntagskleidung angezogen und viel zu viel Parfüm aufgelegt. Sie hielt ihre Tasche auf dem Schoß und spielte nervös mit dem Handgriff, während sie redete.

«Ich hätte vielleicht schon früher kommen sollen, aber bisher ist ja noch alles gut gegangen. Leonard erzählt zu Hause immer ganz begeistert von Ihnen, er bewundert Sie alle sehr. Sie sind auch alle so nett zu ihm, vor allem, wenn man bedenkt, dass er ... Nun ja, Sie haben bestimmt selbst schon gemerkt, dass mein Bruder, wie soll ich mich ausdrücken, nicht ganz richtig tickt.» Frau Vale-Richardson musste über ihre eigenen Worte lachen. Wir trauten uns nicht einzustimmen, so dass sie sich unbehaglich zu fühlen begann und sich hastig entschuldigte.

Sie erzählte uns, dass ihr Bruder einen Nervenzusammenbruch erlitten habe. Letztes Jahr im Herbst habe er, nachdem er über zwanzig Jahre an einer High-School in unserer Stadt Mathematik unterrichtet hatte, die Zeit für reif gehalten, etwas anderes zu machen. Da ihn das Abenteuer und das hohe Gehalt gereizt hätten, das man ihm als Ausgleich für den rauhen Winter angeboten hatte, habe er eine Stelle an einer Schule in Graham's Crossing angenommen, einer Bergarbeitersiedlung in Alaska. Die Umstellung sei ihm fürchterlich schwer gefallen. In seinen Briefen habe er sich darüber beklagt, dass sich die Schüler über seine formelle Ausdrucksweise lustig machten und nicht an den mathematischen Rätseln interessiert seien, die er sich für sie einfallen lasse, und dass die einzige Abwechslung in dem Ort aus einer Handvoll Kneipen bestehe, in denen man ihm jedoch deutlich zu verstehen gebe, dass er hier ein Fremdkörper sei. Darum bleibe er möglichst oft zu Hause. Nach ein paar Monaten seien keine Briefe mehr gekommen. Sie habe sich Sorgen gemacht und beschlossen, ihn anzurufen. Er habe am Telefon gesagt, dass alles in Ordnung sei und er einfach keine Zeit mehr gefunden habe, ihr zu schreiben. Seine Stimme habe sich jedoch merkwürdig angehört, ausweichend. Drei Wochen später sei sie von der Schule angerufen worden. Der Hausmeister habe ihn am frühen Morgen folgendermaßen angetroffen: In einem leeren Klassenraum stand er neben einer mit mathematischen Formeln vollgeschriebenen Tafel und unterrichtete wild gestikulierend.

Sie habe ihren Bruder in die Stadt zurückgeholt, in der er nun bei ihr wohne. Infolge eines tief verwurzelten Bedürfnisses, andere an seinen Erkenntnissen teilhaben zu lassen, habe er sich vorgenommen, an die Universität zurückzukehren. Den ganzen Sommer über habe er sich mit einem riesigen Bücherstapel in seinem Zimmer eingeschlossen, um sich auf das Studium vorzubereiten. Sie, Frau Vale-Richardson, und ihr Mann hätten ihn nicht auf andere Gedanken bringen können. Und darum säßen wir nun hier.

«Haben Sie schon einmal daran gedacht, professionelle Hilfe zu Rate zu ziehen?», fragte Angela.

«Bei der geringsten Anspielung, dass mit ihm etwas nicht stimmt, regt er sich wahnsinnig auf», antwortete Frau Vale-Richardson mit einem Seufzer. «Die Ärzte haben mir gesagt, dass er nicht gegen seinen Willen behandelt werden kann, solange er keine Gefahr für sich oder für andere darstellt.»

«Gott sei Dank stimmt das.» Dimitri sprach im Brustton der Überzeugung. Die Sowjets hatten ihn vor ungefähr dreißig Jahren nach Wolgograd verbannt, um ihn dort in einer Nervenheilanstalt von seinen abweichlerischen Gedanken zu heilen.

«Ich weiß, dass ich Ihnen zustimmen müsste», sagte Frau Vale-Richardson. «Aber solange er keine psychiatrische Hilfe bekommt, muss ich für ihn sorgen, und woher soll ich als Laie wissen, was ich tun darf und was nicht? Jeden Morgen, wenn er zur Universität geht, mache ich mir furchtbare Sorgen.»

«Wir haben Verständnis für Ihre Lage, aber so kann das doch nicht weitergehen», sagte ich. «Die Prüfungen stehen vor der Tür. Ich fürchte, dass Ihr Bruder spätestens dann akzeptieren muss, dass er für ein Universitätsstudium nicht geeignet ist.»

«Wäre es denn nicht möglich, ihm einen Teil zu erlassen?»

Angela schüttelte den Kopf. «Das wäre nicht fair gegenüber den anderen Studenten.»

«Nein, natürlich nicht.» Bei der Aussicht, dass ihr Bruder noch nicht einmal das Ende des ersten Semesters erleben würde, erlosch der letzte Funke Hoffnung in ihren Augen.

Eine lange, peinliche Stille brach an, die schließlich von Dimitri unterbrochen wurde. «Mir ist ein Punkt in Ihrer Geschichte nicht ganz klar, Frau Vale-Richardson. Wenn er auf einer High-School unterrichtet hat, muss er doch einen akademischen Grad haben?»

«Aber sicher. Er hat die Prüfung zum Bakkalaureus bestanden.»

«Das Bakkalaureat?», riefen Angela und ich wie aus einem Mund. «Warum hat er sich dann um Himmels willen als Erstsemester immatrikuliert?»

«Er findet, dass er den größten Teil seines Lebens blind gewesen ist, und will jetzt alle Phasen seiner Ausbildung noch einmal durchlaufen, dieses Mal im Licht dessen, was er als den ‹großen Plan› zu bezeichnen pflegt. Die ersten Bücher, die er im Sommer gelesen hat, waren für die Grundschule bestimmt. Er hat ganz von vorne angefangen, beim ABC und bei zwei plus zwei gleich vier.»

«Das könnte die Lösung unseres Problems sein», dachte Dimitri laut nach. «Wenn er bereits einen akademischen Abschluss hat, braucht er nicht an den Prüfungen teilzunehmen. Offiziell darf er das noch nicht einmal, ebenso wenig, wie er sich als Erstsemester immatrikulieren darf. Wir erhalten nämlich für jeden Studienanfänger eine Subvention vom Staat.»

«Ach, du lieber Gott.» Vor Schreck schlug sich Frau Vale-Richardson mit der Hand vor den Mund. «Wird er jetzt von der Universität verwiesen?»

Angela und ich sahen einander an. Bei der Aussicht, von ihm erlöst zu werden, konnten wir unsere Erleichterung kaum verbergen. Dimitri hatte sich jedoch eine mildere Alternative einfallen lassen.

«Aber nein, machen Sie sich keine Sorgen», sagte er lachend. «Er darf an jeder Lehrveranstaltung teilnehmen, die er besuchen will, allerdings nur als Gasthörer. Das bedeutet, dass er sich auch als solcher verhalten muss, wie jemand, der bescheiden zuhört, der seine Fragen und seine Kommentare auf ein Minimum beschränkt oder, noch besser, darauf verzichtet. Was meinen Sie, wird er sich darauf einlassen?»

«Ganz bestimmt, Herr Professor.» Frau Vale-Richardson nickte begeistert. «Regeln und Vorschriften hat er immer sehr geschätzt. Ich bin mir ziemlich sicher, dass er einwilligt.»

«Schön. Ich werde ihm unseren Vorschlag unterbreiten.»

Ein paar Tage später, während einer Institutssitzung, teilte uns Dimitri mit, dass Herr Vale seine neue Rolle als Gasthörer akzeptiert habe. Er habe versprochen, sich nicht nur während der Übungen und Seminare, sondern auch nach deren Ende ruhig zu verhalten und uns nicht mehr zu Hause anzurufen. Allerdings wolle er sich nicht ganz den Mund verbieten lassen, da er nun einmal von der Bedeutsamkeit seiner Ideen überzeugt sei. Das Nettoergebnis der Verhandlungen sei, dass er als Gegenleistung für seine Zugeständnisse an jedem Freitagnachmittag einem der Dozenten, deren Übungen er besuche, eine Viertelstunde lang diese Ideen vortragen dürfe, jedenfalls, wenn wir nichts dagegen einzuwenden hätten. Das bedeute, jeder von uns müsse einmal alle acht Wochen eine Dosis Vale schlucken. Dies erschien Dimitri ein annehmbarer Preis für den universitären Frieden zu sein.

Die Frequenz dieser Sprechstunden musste allerdings auf einmal alle sieben Wochen erhöht werden, als Larry diese Regelung für sich ablehnte. «Man hat mich nicht eingestellt, damit ich Verrückte von der Straße fernhalte», sagte er. «Ich bin Mathedozent, kein Sozialarbeiter.»

Dimitri ging nicht darauf ein, Angela aber reagierte

empört. «Menschenskind, Larry. Fünfzehn lächerliche Minuten, einmal alle acht Wochen, um eine arme Seele glücklich zu machen. Offenbar bist du zu solch einem enormen Opfer nicht in der Lage.»

«Es geht hier ums Prinzip», antwortete er kühl. «Mir wären sogar fünfzehn Nanosekunden für ihn schon zu viel. Dieser Mann gehört in die Klapsmühle. Da könnte man ihm wenigstens richtig helfen, statt dass ihm hier ein paar naive Wohltäter Honig ums Maul schmieren.»

Zu unserer Erleichterung wurde Dimitris Plan ein Erfolg. Herr Vale entwickelte sich zum Musterhörer: keine Fragen mehr, keine Anrufe, nur noch ein «Guten Morgen, Herr Professor» beim Betreten des Raumes und ein «Angenehmen Tag noch, Herr Professor» beim Verlassen desselben. Freitagnachmittags kam er abwechselnd bei einem von uns in die Sprechstunde, einen dicken Stapel Aufzeichnungen unter dem Arm und von einem Ohr zum anderen grinsend. Zur Kompensation für eine Woche Schweigen rasselte er ohne lange Umschweife sofort los. Das Beste war, diesen Redeschwall über sich ergehen zu lassen und höchstens ab und zu mal ein «Faszinierend» oder ein «Ja, in der Tat» einzuwerfen. Dies fiel uns nicht immer ganz leicht. Wir Mathematiker lieben die Wahrheit und verabscheuen Argumente, die nicht stichhaltig sind, ganz zu schweigen von Fehlern oder von offensichtlichem Blödsinn. Vales Gefasel klang uns ebenso schmerzhaft in den Ohren wie das Kratzen eines schlechten Geigers, der sich einen Weg durch eine Mozart-Sonate sägt.

Manchmal, wenn es mir zu viel wurde, sagte ich: «Das stimmt nicht, Herr Vale.»

«Ich bitte Sie ergebenst, diesen Punkt einer genaueren Prüfung zu unterziehen, Herr Professor.»
«Tut mir leid, Herr Vale, aber es stimmt wirklich nicht.»
«Doch!», rief er dann und ballte die Fäuste wie ein Kind, das seinen Willen nicht durchsetzen kann.
«Oh ja, jetzt seh ich es auch. Sie haben voll und ganz Recht. Ich bin etwas schwer von Begriff.»
Diskutieren hatte keinen Sinn. Dies war der Preis, den wir für den Frieden zahlen mussten.

Je länger das Semester dauerte, desto spektakulärer wurden Vales angebliche Entdeckungen. Kurz nach Weihnachten zeigte er Dimitri die Lösung eines alten Problems in der Zahlentheorie: Gibt es unendlich viele Primzahlzwillinge, soll heißen Primzahlen, deren Differenz zwei beträgt (beispielsweise 5 und 7, 11 und 13, 71 und 73)? Seine Antwort lautete, völlig im Gegensatz zu der Auffassung der modernen Mathematik: nein. Er meinte, den Beweis dafür gefunden zu haben, dass es ein größtes Zwillingspaar p_v und $p_v + 2$ gebe, wobei «v» für Vale stand. «Ein Computer braucht wahrscheinlich hundert Jahre, um den Wert des Vale-Paares zu berechnen», erzählte er Dimitri. «Es geht jedoch vor allem darum, deren Existenz zu beweisen, nicht wahr?» Das Schönste aber hatte er sich für zuletzt aufgehoben: Das Vale-Paar flankiere eine gerade Zahl $p_v + 1$, die *nicht* als Summe zweier Primzahlen geschrieben werden könne. Und damit habe er die berühmte Vermutung Goldbachs widerlegt!

Angela zeigte er eine neue transzendente Zahl v, die «Vale-Konstante», die mit Sicherheit die Quantenmechanik und Einsteins Relativitätstheorie miteinander versöhnen und ihm vielleicht den Nobelpreis einbringen werde. Er hatte «v» auf 500 Stellen hinter dem Komma genau ausgerechnet und Angela eine handschriftliche Kopie geschenkt. Oberhalb der Zahl, die er sorgfältig in Gruppen und Reihen angeordnet hatte, stand eine Widmung: «Für Frau Professor Angela Lasalle. Möge meine Konstante in diesen dunklen Zeiten eine ständige Leuchte auf Ihrem Weg sein.» Das Blatt ziert nun, zwischen den Bildern, die ihre Kinder gemalt haben, eine Wand in ihrem Büro.

Da Herr Vale ernsthaft daran glaubte, dass er jede Woche für einen neuen bedeutsamen wissenschaftlichen Durchbruch sorgte, und wir jede Form des Widerspruchs schon lange aufgegeben hatten, verhielt er sich allmählich wie ein Genie, das von lauter bedauernswerten Dünnbrettbohrern umgeben ist. Immer häufiger sah man ihn mit dem mitleidigen Lächeln, das Kate einmal als «Mathematikergrinsen» bezeichnet hatte.

In gewisser Hinsicht hatte ich seine Verachtung verdient. Ich befand mich schon eine ganze Weile in einer Sackgasse. Mein letzter Artikel war vor einem Jahr in einer unbedeutenden Zeitschrift erschienen und bestand aus einem ermüdenden technischen Beweis einer These, die zu obskur war, um irgendjemanden zu interessieren. Vales regelmäßige Besuche stellten einen guten Gradmesser für den Zustand dar, in dem ich mich befand: Mein Selbsthass schien im selben Maße zuzunehmen wie sein Eigendünkel. Während meine Kollegen diese Besuche noch immer als einen fünfzehn Minuten dauernden Witz betrachteten, fiel es mir mit der Zeit immer schwerer, mich zu beherrschen. Noch bevor er mein Büro wieder verlassen hatte, kochte ich vor ohnmächtiger Wut. Seine Stimme hallte mir noch stundenlang in den Ohren und machte es mir beinahe unmöglich, mich auf meine Arbeit zu konzentrieren.

Ich wurde sogar eifersüchtig auf diesen armen Narren. Ich beneidete ihn um diese Begeisterung, das Funkeln in seinen Augen, dieses herrliche Heureka-Gefühl, das Archimedes einst nackt durch die Straßen hatte laufen lassen. Vergleichbare Anzeichen der Inspiration hatte ich schon so lange nicht mehr erlebt, dass ich zu zweifeln begann, ob dies überhaupt jemals der Fall gewesen war – außerhalb meiner Träume. Wen kümmerte es, dass Herrn Vales glänzende Laune auf Wahnideen beruhte statt auf mathematischer Wahrheit? Noch eine andere Wahrheit, eine einfachere und stärkere, hatte Gültigkeit: Er war glücklich – und ich nicht.

Es wurde Frühling. Inzwischen war ein Jahr vergangen, seit Kate und ich uns getrennt hatten. Damals hatte ich gehofft, dass es meiner Arbeit zugute kommen würde, wenn ich meine Energie nicht mehr mit Streitereien zu vergeuden bräuchte und wenn mir die Wohnung wieder ganz allein gehörte – doch bisher hatte sich das als Trugschluss erwiesen. Um mir aus meiner Sackgasse herauszuhelfen, hatte Dimitri mir einen Auftrag erteilt: Ich sollte die so genannten Kalibratormengen, die er in die Zahlentheorie eingeführt hatte, weiter verfeinern. Mit ihnen müssten neue Erkenntnisse über die K-Reduzibilität zu gewinnen sein, ein weiteres Prinzip, das Dimitri entwickelt hatte und das seinerseits ein paar ziemlich obskure zahlentheoretische Problemchen erhellen könnte. Es regte die Phantasie kaum an, doch wie ein bemitleidenswerter Hund schnappte ich dankbar nach dem Brocken, der mir zugeworfen wurde.

Dann kam dieser Freitagnachmittag im Mai, drei Wochen liegt er nun zurück, dieser Tag, der meinem Leben die entscheidende Wende geben sollte. Es schien ein Tag wie jeder andere zu sein. Ich hatte bereits stundenlang in meinem Büro freudlos an Dimitris Brocken genagt und mich dabei in Selbstmitleid ergangen und als wäre das nicht schon schlimm genug gewesen – da trat auch noch Herr Vale ein. Ich war wieder mal an der Reihe, seine wöchentliche Ausscheidung an Blödsinn über mich ergehen zu lassen.

«*Voilà, monsieur le professeur.*» Nachdem er mir einen Stapel Blätter überreicht hatte, nahm er mir gegenüber Platz. Er legte die Hände hinter dem Kopf zusammen und kippelte leicht mit dem Stuhl, während er mich, das Mathematikergrinsen auf den Lippen, beobachtete.

Die Seiten wimmelten von unverständlichen Formeln in seiner vertrauten, krakeligen Handschrift. Er verwendete immer möglichst viele Integralzeichen, Sigmas und andere mathematische Symbole, was einen stark an die Berechnungen der Genies in Comicstrips erinnerte. Ab und zu hatte er in dem dichten Dschungel der Formeln ein wenig Platz gelassen und an diesen leeren Stellen tiefsinnige Aphorismen eingefügt, sie dreimal unterstrichen und mit drei Ausrufezeichen versehen.

«Unglaublich», sagte ich erschöpft.

«Was, Herr Professor, was finden Sie unglaublich?»

Das war eine neue Taktik. Statt die Komplimente einfach entgegenzunehmen, stellte er uns auf die Probe, mit dem Ziel, uns in Verlegenheit zu bringen.

«Ich weiß nicht genau.»

«Kommen Sie, Herr Professor. Jetzt enttäuschen Sie mich aber ein wenig.»

Wenn seine Worte auch auf falschen Prämissen beruhten, so trafen sie mich doch an einer wunden Stelle. Es war, als wäre Herr Vale eine groteske Manifestation meines eigenen Gewissens geworden.

Schuldbewusst zuckte ich mit den Schultern.

«Sie sollten die Veröffentlichungen in der Fachliteratur wirklich besser verfolgen», hielt er mir vor.

Und wieder hatte er Recht: Jeden Abend, wenn ich den Fernseher ausschaltete, nachdem ich stundenlang unerreichbare Schönheiten auf MTV angegafft hatte, warf ich mir selbst vor, noch keinen Blick in die jüngste Ausgabe der *Number* geworfen zu haben.

«Zufälligerweise ist dies mein bisher spektakulärstes Ergebnis», fuhr er fort. «Durch die Anwendung der jüngsten Entwicklungen in der Chaostheorie habe ich die Lösung zu Anatole Millechamps de Beauregards Problem der wilden Zahlen gefunden.»

«Na, großartig», sagte ich.

3

SEIT BEAUREGARD DIESE PROBLEMSTELLUNG im Jahre 1823 formuliert hat, übt sie eine enorme Anziehungskraft aus, nicht nur auf Mathematiker, sondern auch auf die Vertreter vieler anderer Disziplinen, von führenden Gelehrten bis hin zu den größten Einfaltspinseln. Es konnte also gar nicht anders sein, als dass Herr Vale eines Tages auch hierfür eine Lösung vorlegen würde. Doch das half mir auch nicht weiter: Seine jüngste Heldentat traf mich an einer wunden Stelle. Mehr als jedes andere gescheiterte Vorhaben machte das Problem der wilden Zahlen mir meine verloren gegangenen Ideale immer wieder schmerzlich bewusst.

Im Alter von sechzehn Jahren war ich, als ich in der Bibliothek in verschiedenen mathematischen Nachschlagewerken herumblätterte, zum ersten Mal auf Beauregard und die wilden Zahlen gestoßen. Das Problem faszinierte mich; da ich damals aber schon genug Ahnung von der Mathematik hatte, war mir klar, dass jahrelange Studien erforderlich wären, um überhaupt etwas Sinnvolles dazu sagen zu können. Die Ehre, die Lösung dieses Problems zu finden, würde wohl nicht mir vorbehalten sein, ich hoffte damals aber, in einer fernen Zukunft einen nützlichen Forschungsbeitrag dazu leisten zu können. Mindestens ebenso faszinierend wie das Problem selbst erschien mir der Mann, der es formuliert hatte. Während meine Altersgenossen Popstars anhimmelten, wählte ich ihn zu meinem Idol. Ich kopierte sogar ein Porträt von ihm, das ich in einem Buch gefunden hatte. Obwohl die Kopie ziemlich dunkel ausgefallen war, hing sie ein paar Monate über meinem Bett.

Anatole Millechamps de Beauregard wurde im Jahre 1791 in Amboise, Frankreich, geboren. Die Mutter überlebte das Kindbett nicht; der Vater, ein reicher Grundbesitzer, segnete wenig später ebenfalls das Zeitliche. So wurde Anatole bereits als kleiner Junge zur Waise, verfügte aber über ein ansehnliches Erbe und eine Gouvernante, die sich als einzige um ihn kümmerte. Sehr schnell erwies er sich als eines dieser Wunderkinder, die bereits im Alter von sechs Jahren fließend Latein und Griechisch sprechen. Sein unstillbarer Wissensdurst und seine rasche Auffassungsgabe trieben eine ganze Reihe von Hauslehrern zur Verzweiflung. «Schon nach wenigen Wochen konnte ich ihm nichts mehr beibringen», seufzt einer von ihnen in seinen Erinnerungen. «Sein Verstand glich einem heftigen Waldbrand, der alles, was sich ihm in den Weg stellt, verschlingt.» Die Mathematik war seine größte Leidenschaft. Innerhalb kürzester Zeit hatte er alle Standardwerke gelesen und stürzte sich anschließend auf die noch nicht gelösten Probleme seiner Epoche. Im Alter von siebzehn Jahren fand er an einem Nachmittag die Lösung für das Archipel-Paradoxon, ein altes griechisches Problem, über das sich Generationen von Gelehrten den Kopf zerbrochen hatten.

Die Leichtigkeit, mit der er diese großartige Entdeckung gemacht hatte, beeindruckte mich tief. Mir selbst bereitete schon das Verständnis der gesicherten mathematischen Grundsätze größte Mühe, so dass von der Entdeckung neuer erst recht keine Rede sein konnte. Obwohl Beauregards mathematische Intuition nicht ihresgleichen kannte, brachte er nie die Geduld auf, sich lange mit einem bestimmten Thema zu beschäftigen. Mit etwas mehr Selbstdisziplin hätte er, dem Urteil der Historiker zufolge, ein großer Mathematiker werden können. So blieb sein Beitrag zur Wissenschaft auf einige isolierte Volltreffer beschränkt. «Ein Problem gelöst zu haben, bereitet mir immer wieder Kummer», vertraute er einem Freund an, «sobald ich das Mysterium aufgehellt habe, wird es alltäglich und banal.»

In seinem ständigen Kampf gegen die Langeweile ließ Beauregard sich ein Glücksspiel einfallen, das er mit ein paar Freunden spielte: Er gab ihnen ein mathematisches Rätsel auf und jeder musste einen bestimmten Betrag setzen; wer das Rätsel löste, dem gehörte der ganze Einsatz. Wenn nach einer bestimmten Frist keiner die richtige Antwort gefunden hatte, wurde der Einsatz erhöht. Viele Rätsel waren diophantische Probleme, von dem Typ, bei dem Kühe, Ziegen und Hühner zum anderen Ufer übergesetzt werden müssen. Manche waren furchtbar albern, wie dieses: «Was macht die Menge {1, 2, 3, 4, 5, 6, 7, 8, 9, 10, 11, 12, 13, 15, 16, 20, 30, 100, 1000} einzigartig?» (Antwort: Sie enthält alle Zahlen, die im Französischen nur aus einer einzigen Silbe bestehen.) Andere waren tiefsinniger und werden auch heute noch in Seminaren besprochen, beispielsweise die Frage, in welchem

Verhältnis zueinander sich fünf hin und her fliegende Bälle in einem Kubus bewegen (das Squashball-Problem, wie Larry es in Anspielung auf seinen Lieblingssport zu nennen pflegt). Fiel den Freunden nichts ein – was gar nicht selten war –, dann ging der Einsatz an Beauregard. Nicht, dass irgendjemand etwas dagegen gehabt hätte; er feierte mit dem Geld nämlich rauschende Feste, die er auf seinem Landgut veranstaltete.

Im Widerspruch zu dem weit verbreiteten Klischee, nach dem alle Mathematiker zurückgezogene, kontaktgestörte Wesen sind, war Beauregard ein Lebenskünstler. Es gab für mich also ein Licht am Ende des Tunnels, zumindest dachte ich das damals noch, wenn ich als einsamer Jugendlicher sein lächelndes Porträt an der Wand betrachtete. «Anatole trank andere mit seinem Blick, so wie er auch ein Glas Wein in einem Zug leerte», erinnert sich ein Freund. «Alle verliebten sich in ihn, Frauen wie Männer. Es blieb ihnen keine andere Wahl, als sich wie Blüten im strahlenden Sonnenschein seiner Anwesenheit zu öffnen und ihm damit ihre tiefsten Geheimnisse zu verraten.» Dann aber geschah dasselbe wie bei den mathematischen Problemen: Sobald er diese Geheimnisse kannte, verlor er jedes Interesse. «Es kostet mich einen Abend, einen Mann zu entziffern, und eine Nacht, eine Frau zu entziffern», soll er einmal gesagt haben.

Die Achtlosigkeit, mit der er andere beiseite schob, wurde ihm schließlich zum Verhängnis. Nachdem einer seiner besten Freunde von einer eifersüchtigen ehemaligen Geliebten Beauregards einen Tip erhalten hatte, überraschte dieser ihn zusammen mit seiner eigenen Frau im Bett. Vor Wut rasend, erwürgte der Freund alle beide. Da hier eindeutig ein Fall von *crime passionnel* vorlag, wurde der Ehemann vom Vorwurf des Mordes freigesprochen.

Infolge von Beauregards frühem Tod – er war gerade mal zweiunddreißig geworden – blieb eines seiner mathematischen Rätsel ungelöst. Eine Hand voll Freunde, die sich «Les Amis de Beauregard» nannten, beschloss, das Glücksspiel ihm zu Ehren fortzusetzen. Wer sich beteiligen wollte, musste allmonatlich einen festen Betrag als Einsatz zahlen. Das Rätsel, das schon bald als das «Problem der wilden Zahlen» Bekanntheit genießen sollte, war in seiner ursprünglichen Form nicht viel mehr als eine verzwickte Rechenaufgabe gewesen. Beauregard hatte ein paar trügerisch einfache Rechenoperationen definiert. Wenn man diese mit ganzen Zahlen ausführt, erhält man zunächst Brüche; wiederholt man diese Schritte aber oft genug, ist das Ergebnis schließlich wieder eine ganze Zahl. Oder, wie Beauregard zufrieden festgestellt hatte: «In allen Zahlen ist eine wilde Zahl verborgen, die zum Vorschein kommt, wenn man sie nur lange genug provoziert.» Aus der 0 erhält man die wilde Zahl 11, aus 1 wird 67, 2 ergibt sich selbst, 3 entpuppt sich auf einmal als 4769, 4 schließlich führt überraschend genug wieder zum Ergebnis 67. Beauregard selbst hatte fünfzig verschiedene wilde Zahlen ermittelt; jede weitere sollte ihrem Finder nun eine Belohnung einbringen.

Das war lange nicht so einfach, wie es den Anschein hatte: Je höher die Anfangszahlen waren, desto komplizierter fielen die erforderlichen Berechnungen aus, und da damals alles von Hand gemacht werden musste, war die Wahrscheinlichkeit eines Rechenfehlers nicht unerheblich. Darüber hinaus ließen sich manche Zahlen, vor allem Primzahlen, kaum «provozieren». Und wenn dann letzten Endes eine wilde Zahl dabei herauskam, war es zumeist eine alte Bekannte, die 67 zum Beispiel. So musste mancher enttäuschte Zahlenjäger nach monatelanger, einsamer Suche wieder von vorn anfangen und eine neue Ausgangszahl wählen. Ich konnte mir den Frust erst richtig vorstellen, als ich selbst wider besseres Wissen versucht hatte, die wilde Zahl, die in 103 verborgen war, zu finden, was bis dahin noch niemandem gelungen war. Bewaffnet mit einem Taschenrechner zog ich in den Kampf, doch nachdem ich eine ganze Nacht lang darüber gebrütet hatte, reichte es mir.

Manchmal dauerte es Jahre, bis eine neue wilde Zahl gefunden wurde, wodurch der Wetteinsatz immer höher wurde und das Problem immer mehr Personen anlockte, die nicht viel Ahnung von Mathematik hatten. Neben reinen Prämienjägern meldeten sich auch Typen wie Herr Vale. So wurden «Beauregards Freunde» jahrelang von einem Mann belästigt, der auf einen Schlag fünfundzwanzig neue wilde Zahlen gefunden zu haben glaubte.

Doch nicht jeder war von dem Problem angetan. In seinem Pamphlet «Die wilden Zahlen und die Verluderung der Mathematik» wetterte der englische Mathematiker Alistair Beardsley (1800–1868): «In gewisser Hinsicht müssen wir den habgierigen Rechenrüpeln dankbar sein; da sie sich für längere Zeit in ihre dunklen Höhlen einschließen, bleiben ihre Fratzen unserem Straßenbild erspart. Doch jeder Mathematiker, der seine Zeit mit solch einem trivialen Problem vergeudet, ist eine Schande für unser Fach. Wir können nur beten, es möge sich eines Tages herausstellen, daß es lediglich eine bestimmte Anzahl dieser abscheulichen Zahlen gibt – je weniger, desto besser –, so daß wir für alle Zeit von diesen primitiven Praktiken erlöst sind.»

Ohne sich dessen bewusst zu sein, hatte Beardsley eine Frage von grundsätzlicher Bedeutung aufgeworfen: Wie viele wilde Zahlen gibt es eigentlich? Gibt es nur ein paar bestimmte, die immer wieder auftauchen, und wenn ja, welche, oder gibt es unendlich viele? Ein paar Jahre später beschlossen «Beauregards Freunde», die von Bergen angeblicher Lösungen erschlagen wurden, deren Überprüfung Wochen, wenn nicht Monate in Anspruch nahm, die Jagd abzublasen und statt dessen eine Belohnung für die Antwort auf Beardsleys Frage auszusetzen. Nur eine Handvoll Rechenfanatiker setzte die Suche nach neuen wilden Zahlen fort; die Lösung des Problems der wilden Zahlen in seiner neuen Form erforderte wahre mathematische Begabung. Ein paar chauvinistische Briten benannten es in das Beardsley-Problem um, obwohl Beardsley selbst sich noch immer geringschätzig darüber ausließ.

Erst viel später sollte sich zeigen, wie unangebracht seine Verachtung gewesen war. Wie im Fall von Kolumbus, der eigentlich eine neue Meeresstraße nach Indien gesucht und dabei Amerika entdeckt hatte, führten die Methoden, die zur Entschlüsselung der wilden Zahlen entwickelt wurden, zu allerlei anderen Entdeckungen; und je länger sich das Ganze hinzog, desto mehr führende Gelehrte beteiligten sich an der Suche. Die letzten verbissenen Prämienjäger gaben 1894 auf, nachdem einer der «Freunde» sich mit dem gesamten Wetteinsatz aus dem Staub gemacht hatte.

Der erste wirkliche Fortschritt wurde im Jahre 1907 erzielt, als der deutsche Mathematiker Heinrich Riedel sämtlichen Spekulationen, alle Zahlen seien wild, ein Ende bereitete, indem er bewies, dass die 3 es nicht ist: Es gibt nicht eine einzige Zahl, bei der die Durchführung der Beauregardschen Rechenoperationen zu dem Ergebnis 3 führt. Fünf Jahre später verallgemeinerte Riedel seinen Beweis und zeigte auf, dass es unendlich viele solcher «zahmen» Zahlen gibt. Dieser Beweis gilt noch immer als einer der schönsten in der Zahlentheorie; gleichzeitig aber geht eine abschreckende Wirkung von ihm aus. Als Student im dritten Semester warf ich einmal einen Blick darauf, ohne den Gedankengang auch nur ansatzweise zu verstehen. Bestürzt schlug ich das Buch wieder zu. Wenn ich mich jemals ernsthaft mit den wilden Zahlen beschäftigen wollte, lag ein viel längerer Weg vor mir, als ich bisher gedacht hatte. Ich tröstete mich mit dem Gedanken, dass die meisten Zeitgenossen Riedels zu demselben Schluss gekommen waren.

Nach Riedel blieb es lange ruhig um die wilden Zahlen – einmal abgesehen von den üblichen Gerüchten über bald zu erwartende Lösungen, von denen anschließend nie mehr etwas gehört wurde. Bis Anfang der sechziger Jahre ein brillanter Mathematiker aus Moskau – kein Geringerer als unser Dimitri Ivanovitsch Arkanov – nachwies, dass es einen grundsätzlichen Zusammenhang zwischen den wilden Zahlen und den Primzahlen gibt und dass die Lösung des Problems der wilden Zahlen einen spektakulären zahlentheoretischen Durchbruch nach sich ziehen werde. Dimitris Entdeckung sorgte in Mathematikerkreisen weltweit für große Aufregung: Das Gelobte

Land würde die gewagtesten Träume sogar noch übertreffen. Leider gab es noch immer nicht den geringsten Fingerzeig, wie man es erreichen könnte.

Da zur gleichen Zeit allmählich die Computer aufkamen, wurde auch die von Alistair Beardsley so verabscheute Jagd auf neue wilde Zahlen wieder aufgenommen. Wo die Zahlenjäger im neunzehnten Jahrhundert mit blutunterlaufenen Augen und mit Krämpfen in den Fingern den Mut schon längst aufgegeben hatten, drehten die elektronischen Rechenrüpel erst so richtig auf. Immer mal wieder lancierte in den vergangenen Jahrzehnten das eine oder andere Informatikerteam die Meldung, dass es mit Hilfe eines noch leistungsfähigeren Computers die soundsovielte wilde Zahl geknackt hätte. Im Jahre 1981 gelang es, die wilde Zahl, die in dem Problemfall 103 verborgen gewesen war, zu entschlüsseln: eine unübersichtliche dreißigstellige Zahl. Dieser und weitere vergleichbare kleine Erfolge brachten jedoch keine Klärung der grundsätzlichen Frage, wie viele wilde Zahlen es nun wirklich gibt.

Wo sollte man denn auch heutzutage noch einen Mathematiker finden, der sich an ein dermaßen komplexes Problem heranwagt? An unserer Fakultät jedenfalls nicht, wie sich in einem Gespräch zeigte, das wir über dieses Thema einmal in der Kantine geführt hatten. Dimitri hielt sich für zu alt, um sich noch auf diese schwere Reise zu begeben, für die jugendliche Kraft erforderlich war. Die Assistenten – Repräsentanten der No-Nonsense-Generation – wollten das Risiko nicht eingehen, nach jahrelanger, harter Arbeit mit leeren Händen dazustehen, vor allem nicht in einer Zeit, in der der knappe Stellenmarkt schnelle Ergebnisse von ihnen erwartete. Angela, die Bescheidenheit in Person, sagte, sie verfüge nicht über die erforderlichen Kapazitäten, während Larry behauptete, das Problem «reize ihn nicht genug». Damit war die Reihe an mir. Wie ein zeitgenössischer Alistair Beardsley stimmte ich ein Klagelied über die aktuelle Politik und den Niedergang der reinen Mathematik an. Während Staat und Industrie ohne weiteres Forschungsgelder für jedes noch so bescheidene Computerprojekt bereitstellten, würden wir ständig von Sparmaßnahmen bedroht und könnten uns durch den hohen Arbeitsanfall kaum noch der Grundlagenforschung widmen.

Tief in meinem Herzen wusste ich, dass das nicht die ganze Wahrheit war: Selbst bei ausreichenden Geldmitteln und Zeit im Überfluss würde ich mich heute nicht mehr an das Problem der wilden Zahlen heranwagen. Im Alter von sechzehn Jahren hatte ich noch davon geträumt, die Wissenschaft einmal einen Schritt näher an die Lösung führen zu können. Inzwischen hatte ich mich damit abgefunden, dass selbst dieses bescheidene Ziel für mich eine Nummer zu groß war. Auf diesem Gebiet waren nur die Allergrößten zu Hause, die Beauregards, Riedels und Arkanovs. Mein Verstand war zu schwerfällig und zu träge; mir fehlten die Phantasie, das Flair, die Intuition für eine solche faszinierende Herausforderung.

Herr Vale litt an diesem Freitagnachmittag in meinem Büro nicht im Geringsten unter derartigen Selbstzweifeln. Indem er die Vale-Konstante auf die Chaostheorie angewandt hatte, meinte er bewiesen zu haben, dass es unendlich viele wilde Zahlen gebe.

«Ihrem trüben Blick nach zu urteilen, haben Ihnen diese fünfzehn Minuten noch lange nicht gereicht, um die ganze Tragweite meiner Erkenntnisse auszuloten», sagte er zum Abschluss seines Besuches. «Doch geben Sie den Mut nicht auf, Herr Professor. Ich überlasse Ihnen meine Schlussfolgerungen. Studieren Sie diese mit großer Geduld und Sorgfalt, und ich versichere Ihnen, dass Sie die wundervolle Wahrheit erkennen werden, vielleicht schneller, als Sie denken.»

«Das wäre wunderbar.»

«Dürfte ich Sie ersuchen, meine Schlussfolgerungen an einem sicheren Ort zu verwahren, nachdem Sie sie ausgewertet haben? Wir müssen verhindern, dass diese wertvollen Erkenntnisse in die falschen Hände geraten.»

«Machen Sie sich deswegen nur keine Sorgen. Ich weiß einen geeigneten Ort.»

Als er zur Tür hinaus gegangen war, schob ich seine Aufzeichnungen auf einen Haufen, um sie in den Papierkorb zu werfen. Dann fiel mir ein, dass er sie vielleicht irgendwann einmal wiederhaben wollte. Ich konnte meinen Widerwillen nur schwer unterdrücken, aber da ich mir keine unnötigen Schwierigkeiten einhandeln wollte, legte ich Vales Papiere zu meinen eigenen Unterlagen in die oberste Schublade meines Aktenschrankes.

Ich versuchte mich wieder auf meine eigene Arbeit zu konzentrieren. Ohne rechte Inspiration machte ich mir ein paar Notizen über Kalibratormengen, schweifte dann aber ab, wonach es nicht mehr lange dauerte, bis Strichmännchen und geometrische Figuren auf dem Blatt Papier vor mir erschienen.

Genau in diesem Augenblick machte etwas in meinem Kopf «klick». Wie ich darauf kam, weiß ich nicht, jedenfalls spürte ich mit einem Mal, dass es einen tiefen, mysteriösen Zusammenhang zwischen der Aufgabe, die Dimitri mir gestellt hatte, und dem Problem der wilden Zahlen geben müsse. Sofort erhob sich in meinem Kopf ein Sturm von bösen Stimmen, der die zarte Flamme der Intuition auszublasen drohte. «Jetzt bist du wirklich verzweifelt!» «Vale hat dich infiziert!» Am lautesten meldete sich Kates Stimme zu Wort: «Isaac, Isaac, wann wirst du endlich erwachsen?», kreischte sie. Ich fluchte laut und zerknüllte das Blatt Papier. Und ich hatte auch keine neuen Eingebungen, die mir weiterhalfen. Schließlich war ich kein Anatole de Beauregard.

Ich schaute aus dem Fenster. Ein Student rannte auf dem Weg in die nächste Lehrveranstaltung quer über die Wiese. Der Rucksack voller schwerer Lehrbücher landete immer wieder mit einem heftigen Schlag auf seinem Rücken. Da lief eine weitere eifrige junge Seele, die es nach noch mehr Wissen dürstete. «Gib doch zu, Isaac», sprach eine letzte Stimme, «es ist hoffnungslos.» Dann herrschte Totenstille.

Wie die kleine, zarte Flamme der Intuition den zahlreichen Anschlägen meiner Zweifel Paroli bieten konnte, ist mir noch immer ein Rätsel. Noch nie ist die Versuchung, an Gott zu glauben, so stark gewesen.

4

Nicht lange nachdem Herr Vale mir seine angebliche Lösung des Problems der wilden Zahlen überlassen hatte, erklärte ich meinen Arbeitstag für beendet. Es war nur ein kurzer trügerischer Inspirationsschub gewesen, ich war mit den wilden Zahlen keinen Schritt vorangekommen. Wieder eine Woche vorbei, wieder ein langes Wochenende vor mir.

Auf dem Gang begegnete mir Larry, der, einen Hotdog und eine Pepsi-Dose in den Händen, auf dem Weg in sein Büro war. «Machst du schon Feierabend?», fragte er. «Du willst wohl wieder ein paar Frauen aufreißen, was?» Obwohl er eine Frau hatte, die ihn liebte, und einen zweijährigen Sohn, war das nämlich seine eigene Lieblingsbeschäftigung.

«Woher weißt du das?», entgegnete ich niedergeschlagen.

«Keine Ahnung, wie du das siehst», sagte er lachend, «aber ich kann mich bei diesem schönen Frühlingswetter nicht konzentrieren. Ich versuche, meinen Artikel für die *Number* noch vor dem Wochenende fertig zu kriegen, doch die ganze Denkarbeit leisten heute meine Eier.»

Bravo Larry, dachte ich. Bravo.

Als ich nach Hause kam, trödelte ich noch eine Stunde herum, bevor ich mich endlich umzog und mich zum Joggen in den Park schleppte. Ich hatte heute eigentlich keinen richtigen Bock: Das Joggen kam mir vielmehr wie der soundsovielte verzweifelte Versuch vor, mir selbst aus dem Weg zu gehen. Nach ein paar hundert Metern gab ich auf und trottete wieder nach Hause.

An diesem Abend gaben Stan und Ann ihr Fest, doch ich war nicht in der richtigen Stimmung und beschloss, in meiner Wohnung zu bleiben. Nach einer improvisierten Mahlzeit ließ ich mich, ein paar Dosen Bier und eine Tüte Chips in Reichweite, auf der Couch nieder, um mir ein Baseballspiel anzusehen. Die Saison hatte gerade erst begonnen. Noch bestand die Tabelle zum größten Teil aus Nullen und es waren noch nicht genügend Spieler eingesetzt worden, um die endlose Reihe von Statistiken in Gang zu setzen, in denen ich mich so gern verliere. Das Spiel an sich übte keine große Faszination auf mich aus. In einem Werbespot in der ersten Pause war eine Frau in einem Whirlpool zu sehen; der Schaum bedeckte gerade noch ihre Brüste. Verträumt lächelnd, tauchte sie einen Schwamm ins Wasser und fuhr sich damit über Arme, Schultern und Hals. «Du willst wohl ein paar Frauen aufreißen, was?», hallte mir Larrys Stimme in den Ohren wider und in meinem Magen stieg das deprimierende Gefühl hoch, das ich schon als Schüler verspürt hatte, wenn ich mal wieder an einem Freitagabend zu Hause herumgesessen hatte, statt wie alle anderen aufregende Sachen zu erleben.

Die besseren Zeiten, als ich mit Stan regelmäßig die Kneipen unsicher gemacht hatte, lagen schon lange hinter mir. Seinem Charme und seinem guten Aussehen war es zu verdanken, dass uns immer irgendwelche Mädchen umschwärmten. Dabei fiel manchmal auch eins für mich ab: Ich kam gut an, weil er gut ankam, so wie der Mond das Licht der Sonne reflektiert. Dass ich Kate kennenlernte, hatte ich auch ihm zu verdanken. Doch als ich nach unserer zweijährigen Beziehung wieder aus der Versenkung auftauchte, waren seine wilden Tage endgültig vorbei; was neue Abenteuer betraf, konnte ich nicht mehr auf ihn zählen. Er war inzwischen Chirurg geworden, hatte eine Siebzigstundenwoche und er war Ann, der Frau seiner Träume, begegnet. Sie wollten bald heiraten und hatten vor, die zahlreichen Schlafzimmer der Villa, die sie gerade erst erworben hatten, mit Nachkommen zu bevölkern. Stan und ich trafen uns gelegentlich noch zu einem schnellen Lunch in einem der Cafés zwischen Universität und Krankenhaus, die gerade angesagt waren. Während wir unbeholfen in mit Garnelen gefüllten Avocados herumstocherten, bemühten wir uns krampfhaft, das Gespräch nicht einschlafen zu lassen. Gähnend und mechanisch nickend, hörte er sich die langatmigen Geschichten über meine Unausgeglichenheit an. Der Seelenfrieden, den er gefunden hatte, sorgte ebenso wenig für interessanten Gesprächsstoff. Es schien, als hätte er sein Leben auf Autopilot geschaltet und würde nun vergnügt auf seine Pensionierung zusteuern.

Für Stan und Ann war es eine wahre Freude, ihr Glück mit ihren zahlreichen Freunden zu teilen. Keine Ahnung, woher sie die Zeit nahmen, jedenfalls organisierten sie am laufenden Band Parties, auf denen ich mich allerdings nur selten blicken ließ. Zwischen den smarten jungen Ärzten, den elegant gekleideten Mitarbeiterinnen des Modeblattes, für das Ann arbeitete, und all den anderen Yuppies, die sich den ganzen Abend über gegenseitig zu überbieten versuchten, fühlte ich mich fehl am Platz. In ihrer Rolle als Gastgeber patrouillierten Stan und Ann zwischen den verschiedenen Gesprächen auf und ab, um sofort eingreifen zu können, wenn sich ein Gast nicht richtig zu amüsieren schien. Vor allem Ann war sehr um mich bemüht. Sie mochte mich, Stans großen Freund aus alten Tagen, sehr gern, und sie war immer gerührt, wenn sie uns beide ins Gespräch vertieft fand, als sähe sie sich einen Film aus der Kindheit ihres Geliebten an. Da sie sich nicht damit abfinden wollte, dass ich als Junggeselle durchs Leben ging, hatte sie sich vorgenommen, eine passende Partnerin für mich zu finden. Eine Hand auf meine Schulter gelegt, zeigte sie mir mehrere Kandidatinnen und fragte mich neckend, welche mir gefalle und aus welchen Gründen. Diese vertraulichen Gespräche mit einer bildschönen, aber schon vergebenen Frau waren auf angenehme Weise erregend, dauerten nur leider nie lange. Die Dame des Hauses musste sich um zu viele andere Dinge kümmern. Sie führte mich dann zu einer potentiellen Partnerin für mich und pumpte mit ein paar netten einleitenden Bemerkungen ein Gespräch auf, aus dem in dem Augenblick, in dem sie uns den Rücken zukehrte, gleich wieder die Luft entwich.

Es war vor allem die Aussicht, zum x-ten Mal miterleben zu müssen, wie einer dieser Frauen das Lächeln auf den Lippen gefror, sobald sie das Wort «Mathematik» vernahm, die mich an diesem Abend davon abhielt, auf die Party zu gehen. Ich schaltete das Baseballspiel ab und nahm die Kulturbeilage der *Chronicle* zur Hand. Nachdem ich vergeblich nach einem guten Kinofilm gesucht hatte, las ich ein Interview mit Shelley Sloane, dem Star einer «gewagten» neuen Soap-opera. Anschließend versuchte ich mich an einem Kreuzworträtsel. 3 senkrecht: Stadt in New Mexico (fünf, zwei); 6 waagrecht: ungekünsteltes Mädchen (sieben). Auf derselben Seite stand ein Logical: Wenn sechs Holzfäller sechs Stunden brauchen, um sechs Bäume zu fällen, wie viele Bäume können sechzig Holzfäller dann in sechzig Stunden schaffen? Ich ärgerte mich über die stillschweigenden Annahmen der Rätselmacher. Das hängt schließlich von der Dicke der einzelnen Bäume und der Härte des Holzes ab, oder? Das hängt schließlich auch von der Zeit ab, die die Holzfäller mit dem Streit über die richtige Aufgabenverteilung vergeuden, oder? Für mich war jede Antwort richtig.

All die Sechser und Sechziger erinnerten mich wieder an das Problem der wilden Zahlen. «P_w» kritzelte ich an den Rand der Zeitung: die Menge der Primfaktoren einer wilden Zahl. Wenn ich nun deren K-Reduzibilität mit Hilfe einer geeigneten Kalibratormenge bestimmen würde ... Nein, das würde nichts bringen. «W_p» schrieb ich auf: die Menge der wilden Primzahlen. Nein. Verdammt noch mal. Und doch musste es einen Zusammenhang zwischen der Aufgabe, die Dimitri mir gestellt hatte, und dem Problem der wilden Zahlen geben. Es konnte gar nicht anders sein.

«Keine Mathematik nach dem Essen!», hätte Kate gesagt. Schnell legte ich die Zeitung beiseite und schaltete den Fernseher wieder ein.

Als wir noch zusammenwohnten, wusste ich, wenn mich ein mathematisches Problem beschäftigte, nie, wie ich ein Ende finden sollte. Oft zog ich mich bis zwei oder drei Uhr nachts in mein Arbeitszimmer zurück. Überdreht und schwindlig kroch ich, komplexe Beweisführungen im Kopf, die sich jedoch nur im Kreis drehten, endlich zu Kate ins Bett. Dort warf ich mich so lange hin und her und seufzte melodramatisch, bis sie wach wurde.

«Was ist los, Isaac?»

«Ich kann die Antwort nicht finden. Es ist hoffnungslos.»

Dann strich sie mir über die erhitzte Stirn und sagte, dass morgen auch wieder ein Tag sei. Manchmal versuchte sie mich zu verführen – miteinander schlafen wirke Wunder –, häufig war ich dann jedoch mit meinen Gedanken woanders und nicht imstande, auf ihre Avancen einzugehen, was mein Gefühl zu versagen lediglich noch verstärkte.

Zu meinem eigenen Besten erließ sie daraufhin die Regel, dass ich abends nicht mehr arbeiten durfte. Anfangs hielt ich mich daran, doch je mehr es in unserer Beziehung kriselte, desto ungehorsamer wurde ich.

«Doch nicht schon wieder?», fuhr sie mich an, wenn ich mich nach dem Spülen umdrehte.

«Nur mal eben was notieren.» Wenn sich meine Idee als Blindgänger erwiesen hatte – was meistens der Fall war –, versuchte ich anschließend stundenlang, auf einen anderen guten Gedanken zu kommen.

«Isaac, jetzt komm um Himmels willen endlich aus dem Zimmer!»

«Bin gleich soweit.»
Laut fluchend ging sie dann hinaus.
Erst jetzt, nachdem wir uns getrennt hatten, war ihr Wunsch Wirklichkeit geworden. Aufgrund mangelnder Inspiration hatte ich absolut keine Lust mehr, zu Hause zu arbeiten. Es lag mittlerweile schon Monate zurück, dass ich mein Arbeitszimmer zum letzten Mal betreten hatte, und selbst da hatte ich nur ein Buch für meinen Studenten Peter Wong gesucht. Die Notizen auf dem Rand der Zeitung waren der erste Verstoß gegen das Verbot jedweder mathematischer Aktivitäten nach dem Essen seit über einem Jahr.

Ich starrte auf die W_p und P_w, die ich geschrieben hatte, und versank langsam in einem Sumpf trüber Gedanken.

«Fängst du schon wieder an», sagte Kates Stimme ermahnend zu mir: «Du flüchtest dich doch nur in die Mathematik, weil du Schiss hast, auf diese Party zu gehen!»

Ich schaltete den Fernseher aus und ging ins Schlafzimmer, um mich umzuziehen.

«Isaac, schön, dass du doch noch gekommen bist!»
Ann flog mir an den Hals und küsste mich überschwänglich. Dann zog sie mich an der Hand ins Wohnzimmer. Die Party war bereits in vollem Gange. Die Gäste standen, Gläser und Teller in den Händen, in kleinen Gruppen herum. Ihre Gespräche wurden von dieser nervtötenden Jazzmusik untermalt, die ständig weiterperlt, ohne je zu einem Ende zu kommen. Ich wurde zu einem Kreis ihrer Kolleginnen von dem Modeblatt geführt.

«Hi Girls, darf ich euch Isaac Swift vorstellen? Er ist Mathematiker.» Ann drehte sich um und überließ mich meinem Schicksal.

«Mein Gott», sagte eine große Frau mit einer Soldatenmütze auf dem Kopf. «Du willst doch nicht etwa sagen, dass dir diese Zahlenspielereien Spaß machen?» Sie schüttelte sich, als hätte sie gerade etwas Scheußliches hinuntergeschluckt.

«Mensch, dann müssen deine Gehirnwindungen ja optimal geschmiert sein», sagte eine andere. «In der Schule war ich in Mathe furchtbar schlecht, wirklich furchtbar schlecht.»

Die anderen starrten mich an, als wäre ich ein Zombie, dessen gerade erwähnten Gehirnwindungen aus einem Riss im Schädel hervorquollen.

Ich seilte mich so schnell wie möglich von diesen blöden Gänsen ab. Als Student hatte ich mich noch bemüht, meine Zuhörer von der Anziehungskraft und den Wundern meines Faches zu überzeugen. Inzwischen sparte ich mir die Mühe. Wenn man auf Parties über Mathematik redet, bringt man garantiert jede Unterhaltung zum Erliegen. Vor allem Frauen können das Thema auf den Tod nicht ausstehen. Ich habe die Hoffnung aufgegeben, jemals herauszufinden, weshalb.

Als Ann bemerkte, dass ich allein neben dem kalten Büfett stand, nahm sie mich wieder am Arm. Dieses Mal schleppte sie mich zu einer Frau, die in einer Ecke stand und rauchte, halb versteckt hinter einem tropischen Farn. Ihr harter Gesichtsausdruck und ihre dunkle Kleidung erinnerten an eine Witwe, die Trauer trug.

«Betty, das ist Isaac Swift, Stans bester Freund von der

Uni. Isaac, das ist Betty Lane, meine beste Freundin von der High-School. Und das ist die Türklingel.» Sie rannte weg, um aufzumachen.

Betty musterte mich mit säuerlicher Miene von oben bis unten. «Jetzt müssen wir also auch die besten Freunde werden. Sollen wir anfangen, indem wir uns gegenseitig unsere Erfolgsstorys erzählen, genau wie alle anderen Stars hier?» Mit flacher Stimme erzählte sie, dass sie eine vielversprechende Karriere in einem Verlag aufgegeben hatte, um ihren Mann nach Paris zu begleiten, wo dieser im Auftrag eines Softwareunternehmens ein dreijähriges Projekt leiten sollte. Sie seien noch keine zwei Monate dort gewesen, als er sie wegen seiner zwanzigjährigen französischen Sekretärin verlassen habe. Keine Erklärung oder Entschuldigung, lediglich ein «Mein Anwalt wird sich bei dir melden». Das sei alles gewesen. Vor drei Wochen habe sie das Flugzeug nach Hause genommen. Ohne Wohnung und ohne Job, sei sie notgedrungen wieder zu ihren Eltern gezogen.

«Soweit meine Erfolgsstory.» Sie drückte ihre Zigarette in der Erde des tropischen Farngewächses aus. «Du bist dran.»

Ich wollte nicht gleich das Thema wechseln, ohne ihr zuvor mein Mitgefühl ausgedrückt zu haben. Betty hörte sich mein Gestammel mit einem beinahe triumphierenden Lächeln an: vermutlich die soundsovielte linkische Reaktion unbeholfener Männer, die sie ihrer Sammlung einverleiben konnte.

«Lass es gut sein», sagte sie, nachdem ich lange genug gezappelt hatte. «Leg schon los und erzähl mir, wer du bist.»

Ich fing an, ihr von meiner Arbeit an der Uni zu erzählen, doch schon bald sah sie in eine andere Richtung, so dass ich mit ihrem Profil redete.

«Wäre es dir lieber, wenn ich dich in Ruhe lasse?», fragte ich.

Sie zündete sich die nächste Zigarette an. «Tu nur, worauf du selbst Lust hast.»

Ich wusste nicht, wie ich mich verhalten sollte, und blieb neben ihr stehen. Schweigend betrachteten wir eine Zeit lang die anderen Gäste.

«Na, worauf wartest du noch?», provozierte sie mich. «Stürz dich in den Festtrubel.»

Damit Ann mich nicht schon wieder alleine antreffen würde, suchte ich Zuflucht bei Stan, der im Kreis seiner Kollegen über die neuen Steuergesetze herzog.

Er war gerade mitten im Dessert, als sich der Piepser in seiner Brusttasche meldete.

«Oh nein, nicht schon wieder», stöhnte Ann.

Als er das Telefonat beendet hatte, war er schon halb in die Jacke geschlüpft. «Ein Verkehrsunfall», sagte er. «Ihr werdet ohne mich auskommen müssen.»

«Spielverderber!», brüllte ein rotblonder Mann, der keinen Kaffee, sondern Whisky zum Nachtisch trank. «Lass den Notarztwagen das Unfallopfer doch hierher bringen. Wetten, dass in diesem Raum mehr fachliche Kompetenz versammelt ist als in dem ganzen verdammten Krankenhaus zusammen. Wenn wir die Salatschüsseln ein wenig beiseite schieben, können wir auf dem Tisch dort operieren.»

Stan reagierte mit einer wegwerfenden Handbewegung auf das rohe Lachen seiner Kollegen und fuhr ins Krankenhaus, wo er vermutlich den Rest der Nacht im Operationssaal verbringen musste.

Ich wäre nicht mehr lange geblieben, wenn ich mich nicht in ein Gespräch mit dem rotblonden Mann, einem Magen- und Darmspezialisten namens Vernon Ludlow, hätte verwickeln lassen. Er versuchte mich davon zu überzeugen, dass ich die Mathematik aufgeben müsse. Diese verstaubte Disziplin gehöre der Vergangenheit an. Lieber sollte ich mich mit Computern beschäftigen. «Künstliche Intelligenz, das ist ein wirklich faszinierendes Gebiet», schwadronierte er. «Wenn ich du wäre, würde ich in die Industrie gehen. Dort kannst du mit Leichtigkeit zehnmal so viel verdienen wie an der Uni.»

Ich versuchte ihm klarzumachen, dass ich die Beschäftigung mit Computern in intellektueller Hinsicht für weniger befriedigend hielt als die reine Mathematik; da ich in letzter Zeit selbst aber so wenig Freude an meiner Arbeit empfunden hatte, fehlte meinen Worten jede Überzeugungskraft. «Ich will meine Gedanken nicht einfach den Unzulänglichkeiten einer Maschine unterordnen», hörte ich mich sagen.

«Mein lieber Schwan, ganz schön arrogant! Unzulänglichkeiten? Das ist es ja gerade, worum es im Leben geht. Die große Herausforderung lautet schließlich, Unzulänglichkeiten zu überwinden, und nicht, ihnen aus dem Weg zu gehen.»

In diesem Augenblick kam gerade seine Gattin vorbei, eine spindeldürre Frau mit strengem Gesichtsausdruck, und brachte ihm ein frisches Glas Whisky. Sie nickte heftig und warf mir einen geringschätzigen Blick zu, bevor sie wieder in der Menge verschwand.

«Das Problem mit euch jungen Akademikern ist», fuhr er fort, während er mir einen Finger anklagend in die Brust bohrte, «dass ihr die Wirklichkeit aus den Augen verloren habt. Natürlich wäre es fantastisch, wenn wir alle auf Kosten der Steuerzahler in unseren Elfenbeintürmen sitzen und von abstrakten Wunderländern träumen könnten. Wer würde dann aber die echte Arbeit machen? Und wer müsste dafür berappen? Na, wer? Jetzt erzähl mir doch mal, Isaac: Was würde passieren, wenn wir Mediziner uns weigern würden, uns den ‹Unzulänglichkeiten› des menschlichen Körpers ‹unterzuordnen›? Nun? Ich werde es dir sagen: Die Kranken würden sterben.»

Vielleicht hätte ich ihn auf seine dürftige Argumentation hinweisen sollen, doch wie konnte ich ihn vom Wert meiner Arbeit überzeugen, ihn, den Arzt, der Menschenleben rettete? Wie konnte ich ein Plädoyer für die äußerst komplexen Abstraktionen halten, die doch nur von einer Hand voll Menschen verstanden wurden? Statt dessen hörte ich mir gelassen seine vom Whisky angeheizte Tirade gegen Akademiker und andere Parasiten der Gesellschaft an – und musste ihm sogar noch mehr oder weniger Recht geben.

Ann rettete mich aus diesem ungleichen Kampf, indem sie mir einen Arm um die Taille legte und mich beiseite nahm. Sie wollte mich um einen kleinen Gefallen bitten: Stan habe Betty eigentlich versprochen, sie nach Hause zu bringen, da er nun aber im Krankenhaus sei …

Ich sah auf meine Armbanduhr. «Kein Problem. Ich wollte sowieso gerade gehen.»

«Ich will dich nicht gleich wegjagen! Du kommst doch hoffentlich anschließend noch mal wieder?»

«Na ja, es ist eigentlich schon ziemlich spät.»
«Aber Isaac.» Neckend gab sie mir einen Stups. «Was sollen denn die anderen von dir und Betty denken, wenn du wegbleibst?» Nachdem sie vergeblich auf eine schlagfertige Antwort gewartet hatte, wurde sie ernster. «Sie hat gerade eine furchtbare Zeit hinter sich, aber sie ist echt in Ordnung, glaub mir.»

Die Fahrt zu ihrem Elternhaus hätte höchstens zehn Minuten dauern dürfen; Betty verfügte jedoch über keinen ausgeprägten Orientierungssinn und so blieben wir schließlich in einem scheinbar geschlossenen System von Einbahnstraßen stecken.

«Ich hab's ja gewusst: Ich hätte ein Taxi nehmen sollen», nörgelte sie, als wir zum wiederholten Mal an dieselbe Kreuzung kamen.

Orientierungslos fuhren wir durch die schlafenden Wohnviertel. Vergangenheit und Zukunft lösten sich auf, als hätte ich bereits eine Ewigkeit mit dieser Frau verbracht und müsste noch eine Ewigkeit mit ihr verbringen. Ich hatte mir schon eine ganze Weile ausgemalt, wie ich sie bei laufendem Motor in dem Wagen sitzen lassen und in der Dunkelheit verschwinden würde, als sie endlich eine Straßenecke wiedererkannte und mich ohne weitere Probleme zu dem Haus dirigierte.

«Eigener Herd ist Goldes wert», sagte sie mit einem lauten Lachen, das den Schmerz hinter ihrer zynischen Pose verriet. «Danke fürs Mitnehmen. War nett, dich kennenzulernen.» Sie stieg aus, warf die Tür ins Schloss und eilte über den Plattenweg zur Haustür.

Als ich nach Hause fuhr, fühlte ich mich alt und deprimiert. Anscheinend gab es in meinem Alter keinen Platz mehr für Träume. Alles wurde an Erfolg oder Misserfolg gemessen. Wo unsere Möglichkeiten früher noch grenzenlos waren, hatten sie nun die lächerlichen Umrisse unserer zerbrechlichen Persönlichkeiten und unserer verfallenden Körper angenommen.

In meinem Apartment angekommen, ließ ich mich auf die Couch fallen und schaltete den Fernseher ein. Da hing ich wieder wie ein nasser Sack und guckte Baseball. Auf dem Wohnzimmertisch lag die Zeitung voller sinnloser Notizen über die wilden Zahlen. Und da war auch wieder die Frau in ihrem Schaumbad. Ich hätte genauso gut den ganzen Abend zu Hause bleiben können. In meinem Leben passierte einfach nichts mehr, weder in privater noch in beruflicher Hinsicht.

Da ich nichts Besseres zu tun hatte, zappte ich eine Weile zwischen allen Kanälen herum, von einem Schwarzweißmelodram aus den fünfziger Jahren über einen Bericht über Scharmützel in einer ehemaligen Sowjetrepublik bis zu den Videoclips auf MTV. Ein frustrierend junger Mann mit einem leeren Gesichtsausdruck, der wahrscheinlich Gefühlstiefe suggerieren sollte, sang von der Liebe, während die Kamera eine anscheinend endlose Reihe junger Frauen näher heranholte, die immer wieder aus dem Bild verschwanden, bevor ich sie mir richtig ansehen konnte.

Im nächsten Video sah man eine Gruppe von Tänzern, die akrobatisch wild im Kreis hüpften, während eine junge Schwarze, die Baseballmütze verkehrt herum auf dem Kopf, die Zuschauer zum Mitmachen aufforderte:

«C'mon c'mon c'mon, I wanna see you move your bo-dy
C'mon c'mon c'mon, I wanna see you move your bo-dy.»

Jetzt bereitete es mir sogar schon zu viel Mühe, den Fernseher auszuschalten, um mich von ihrer zwanghaften Munterkeit zu befreien.

«C'mon c'mon c'mon, I wanna see you move your bo-dy.»

Schließlich gelang es mir doch noch, die Fernbedienung auf die Tänzerin zu richten und mit dem Daumen auf den Knopf zu drücken. Nachdem ich eine Zeitlang den leeren Bildschirm angestarrt hatte, stand ich auf und schlurfte ins Badezimmer.

Warum, weiß ich nicht, doch statt nach dem Zähneputzen geradewegs ins Schlafzimmer zu gehen, öffnete ich die Tür zu meinem Arbeitszimmer. Ein muffiger Geruch schlug mir entgegen, da dieser Raum lange Zeit von niemandem betreten worden war, als hätte er einem Verstorbenen gehört, dessen Hinterbliebene noch nicht dazu gekommen waren, richtig sauber zu machen. Ich ging zum Bücherschrank und nahm ein dickes Buch vom obersten Regalbrett: *Proceedings of the Third International Congress on Mathematics,* abgehalten im Jahre 1912 in Edinburgh. Auf Seite 325 fand ich, was ich suchte: «Einige Bemerkungen über so genannte zahme Zahlen», Heinrich Riedels brillanter Beweis, dass es unendlich viele nicht-wilde, soll heißen zahme, Zahlen gibt. Wenn ich nun Dimitris skizzenhaft umrissenen neuen Begriff der K-Reduzibilität verfeinerte, könnte ich mit Hilfe des Riedelschen Beweises einen großen Schritt in Richtung wilde Zahlen machen.

Es war verblüffend: Während ich an der Oberfläche meine Zeit mit Fernsehen und einer langweiligen Party vergeudet hatte, war meine Intuition in der Tiefe einem eigenen Kurs gefolgt und hatte eine richtige Idee entwickelt.

Keine Mathematik nach dem Essen! Erneut verlor ich den Mut. Wie konnte ich es wagen, von einer Lösung des Rätsels zu träumen, das Anatole Millechamps de Beauregard der Menschheit hinterlassen hatte? Wie konnte ich es wagen, Dimitri Arkanovs bahnbrechende Arbeit zu missbrauchen, um meinen megalomanen Hirngespinsten nachzujagen? Durch mein Leben in selbst gewählter Isolation hatte ich jedes Gefühl für Verhältnismäßigkeit verloren. Herr Vale musste in den einsamen Nächten als Mathematiklehrer in Graham's Crossing wohl etwas Ähnliches erlebt haben. Jetzt entdeckte ich auch allerlei Muster im Chaos meiner Gedanken – ohne Zweifel ein Vorzeichen für eine Psychose. Ich ließ das Buch auf meinem Schreibtisch liegen und legte mich ins Bett.

Stundenlang lag ich wach da und wurde von fiebrigen Bildern gequält.

«C'mon c'mon c'mon, I wanna see you move your bo-dy.»

Das schwarze Mädchen mit der Baseballmütze verwandelte sich in Ann, die in ihrem Wohnzimmer tanzte. Während ihre Hände hinter ihrem Rücken verschwanden, warf sie mir einen frivolen Blick zu. Ein Reißverschluss ging auf. Mit einer lasziven Bewegung ließ sie das Kleid von ihren Schultern gleiten. Ich streckte die Hände nach ihr aus, doch das Zimmer begann sich zu drehen und ich landete hinter dem tropischen Farn, wo Betty mich mit tiefem Abscheu in den Augen ansah, während sie noch einmal an ihrer Zigarette zog. Dann sah ich Stan, dessen Nase und Mund hinter einer Operationsmaske verborgen waren. Er sah, einen amüsierten Blick in den Augen, von seiner Arbeit auf. Der Patient, an dem er gerade eine Hirnoperation vorgenommen hatte, richtete sich auf und zog sich die Krawatte zurecht. Es war Herr Vale. Er kletterte vom Tisch herunter, nahm seine schwere Tasche und verließ den Operationssaal. Jetzt schritt er den Gang der mathematischen Fakultät hinunter. Und auch ich ging durch diesen Korridor. Da stand Larry und unterhielt sich mit Vernon Ludlow. «Du willst wohl wieder ein paar Frauen aufreißen, was?», fragten sie mich. Zurück zu Ann, die in ihrem Wohnzimmer tanzte, dann zu Betty Lane ...

«C'mon c'mon c'mon.»

Ich wälzte mich herum, schüttelte das Kissen auf und drückte die Luft wieder heraus. Ich drehte mich erst auf die Seite, dann auf den Rücken und starrte gegen die Zimmerdecke. Endlich stieß ich die Bettdecke weg, ging geradewegs ins Arbeitszimmer, setzte mich an den Schreibtisch und schlug die *Proceedings* auf Seite 325 auf.

Keine Mathematik nach dem Essen. Keine Mathematik nach dem Essen. Keine Mathematik nach dem Essen.

«Halt's Maul!», rief ich. Der Lärm und der Wirrwarr der Eindrücke verschwanden aus meinen Gedanken. Die einzigen Geräusche waren nun das leise Surren einer Motte, die immer wieder gegen die Schreibtischlampe flog, und mein Atmen, während ich mich darauf konzentrierte, jeden Schritt in Riedels Beweisführung nachzuvollziehen.

Ich zog die oberste Schublade auf und nahm ein weißes Blatt Papier heraus.

«27. Mai, 03.15 Uhr», schrieb ich. «Gegeben sei eine wilde Zahl w...»

5

IN DIESER, DER ERSTEN NACHT zog ich voll guten Mutes los auf dem Pfad, den Riedel in das Dickicht des Wilden-Zahlen-Problems geschlagen hatte. Der Punkt, den er 1912 erreicht hatte, sein Beweis, dass es unendlich viele zahme Zahlen gibt, war für mich gleichsam das Basislager. Von hier aus konnte ich mit meiner modernen Bergsteigerausrüstung, soll heißen mit Dimitris neuen Methoden, weiterklettern. Jeder Schritt, den ich machte, erforderte meine ganze Konzentration; ab und zu musste ich einen Halt einlegen, um zu verschnaufen, und konnte dann für einen Augenblick die prachtvolle mathematische Landschaft um mich herum bewundern.

Es schien bereits eine Ewigkeit her zu sein, seit ich dieses Reich zum letzten Mal mit ungeteilter Aufmerksamkeit betreten hatte, frei von Stimmen, die sich mir in den Weg stellten oder mich im Gegenteil drängten, endlich mal ein Resultat vorzulegen. Es war wie eine Heimkehr, eine Rückkehr zu den glücklichsten Augenblicken meiner Kindheit, als jede neue Erkenntnis die Welt größer und mysteriöser machte, nicht kleiner und banaler, wie das heutzutage so oft der Fall ist.

Damals waren selbst die einfachsten Regeln und Techniken der Arithmetik eine Quelle großer Freude gewesen. In der zweiten Klasse beispielsweise hatte uns Frau Wallace erklärt, wie wir uns Einer «merken» sollten, wenn wir große Zahlen wie siebenundzwanzig und fünfunddreißig zusammenzählen mussten. Als ich an jenem Nachmittag nach Hause kam, ging ich nicht nach draußen, um zu spielen (um meine kommunikativen Fertigkeiten zu entwickeln, wie Kate sagen würde), sondern blieb in meinem Zimmer und übte das Addieren. Nachdem ich eine Zeit lang Zahlenpaare addiert hatte, versuchte ich es mit drei Zahlen und war begeistert, als ich mir einmal sogar eine Zwei merken musste. Ich beschloss, aufs Ganze zu gehen, und schrieb zehn Zahlen auf, die aus lauter Neunen bestanden. Wie ich gehofft hatte, musste ich mir eine Neun merken und noch eine und noch eine. Meine Mutter rief dreimal nach mir, bevor ich mich endlich zum Essen nach unten bequemte. Später an jenem Abend deckte ich den Spalt meiner Zimmertür mit einem Pullover ab, damit meine Eltern nicht sehen konnten, dass das Licht in meinem Zimmer noch brannte. Ich schrieb zwanzig zwanzigstellige Zahlen auf. Als ich sie zusammengezählt und das Ergebnis kontrolliert hatte, hätte ich mir am liebsten noch größere Zahlen vorgenommen, wurde jedoch vom Schlaf übermannt.

In jenem Jahr saß ich fast die ganzen Weihnachtsferien über oben in meinem Zimmer und zählte große Zahlen zusammen. Bei meinen Eltern herrschte wieder mal das, was sie «stürmisches Wetter» nannten. Mein jüngerer Bruder Andrew flüchtete sich nach draußen; ich flüchtete mich in die friedliche Welt der Additionen, und sobald ich mich in die Zahlen vertiefte, nahm ich das Geschrei, die zuschlagenden Türen und die bleierne Stille, die anschließend eintrat, gar nicht mehr wahr. Ich befand mich hoch in den Bergen, wo die Streitereien meiner Eltern so unbedeutend klangen wie das Stampfen und Pfeifen einer kleinen Fabrik tief unten im Tal.

Das Abziehen und das «Sich-Leihen» von Einern, das uns eigentlich als das Gegenteil von Zusammenzählen und dem «Sich-Merken» von Einern präsentiert worden war, stellte sich als viel komplizierter heraus und war seltsamen Einschränkungen unterworfen. Frau Wallace hatte uns davor gewarnt, eine größere Zahl von einer kleineren abzuziehen. Als ich sie fragte, was dann passieren würde, zögerte sie kurz, und ein Anflug von Panik überzog ihre Augen. «Nun, sagen wir mal, dass du dann null kriegst, in Ordnung?» Hier stimmte etwas nicht. Wie konnte fünf minus fünf null sein und fünf minus acht auch? Die Differenz von drei konnte sich doch nicht einfach in Luft auflösen. «Nimm dir das doch nicht so zu Herzen, Isaac», sagte sie. «Lass es einfach null sein, vorläufig jedenfalls.» Ihr Versuch, mich zu beruhigen, machte mich nur noch misstrauischer. In der Arithmetik gibt es kein «vorläufig». Wenn fünf minus acht wirklich null ist, dann ist das immer so gewesen und wird auch immer so bleiben.

An jenem Abend nahm ich meinen ganzen Mut zusammen und stellte die verbotene Frage meinem Vater: «Wie viel ist fünf minus acht?»

«Minus drei», kam die Antwort wie aus dem Mund eines Gottes hinter der Zeitung hervor. Meistens wollte er beim Lesen nicht gestört werden, doch zu meiner Freude legte er die Zeitung beiseite und schrieb für mich auf die Rückseite einer Autowerbung Zahlen auf, die kleiner waren als null, Zahlen mit einem Minuszeichen davor. Diese neue Erkenntnis schockte und erregte mich. Null war also nicht länger der absolute Boden der arithmetischen Welt, sondern die Pforte zu einer arithmetischen Unterwelt. Dies beeindruckte mich zutiefst und als mein Vater mir einen Arm um die Schultern legte und mir mitteilte, er werde vorübergehend an einen anderen Ort ziehen, war ich mit meinen Gedanken nicht ganz bei der Sache. Fünf minus acht war minus drei. Fünfzehn minus zweiunddreißig war minus siebzehn. In jener Nacht konnte ich nicht schlafen. Angesichts der unermesslichen Tiefe unter der Null bekam ich Höhenangst; ich fühlte, wie ich an den Rand eines Abgrunds gesogen wurde. Erst stand ich Todesängste aus, überließ mich dann aber diesem Gefühl. Es war, als versänke ich im Bett, als versänke das Bett im Fußboden, das Haus in der Erde; alles versank in der tiefen, dunklen Welt der negativen Zahlen. Und auf einmal erblickte ich meinen Vater, der einen prachtvollen violetten Mantel trug und eine Krone auf dem Kopf hatte. Er erwartete mich, um mich in seinem neuen Königreich willkommen zu heißen.

Die Einblicke in das Problem der wilden Zahlen, die ich achtundzwanzig Jahre danach gewinnen sollte, waren vielleicht nicht ganz so aufregend wie meine erste Bekanntschaft mit den negativen Zahlen; doch es war nur ein gradueller Unterschied. Jeder Schritt, den ich machte, enthüllte mir, wie klein er auch sein mochte, neue Berggipfel und unbekannte Täler in diesem wunderbaren und bizarren Bereich der Mathematik, der zum ersten Mal von Anatole Millechamps de Beauregard erkundet worden war.

Hier zeigt sich die Mathematik von ihrer schönsten Seite. Im Unterschied zu anderen Disziplinen, in denen der Kenntnisstand im Allgemeinen allmählich anwächst, verläuft der Übergang von der Unwissenheit zur Erkenntnis in der Mathematik schlagartig und absolut. Entweder man versteht es oder man versteht es nicht. Wenn man es erst einmal verstanden hat, offenbart sich das neue Land als ein haarscharfes Relief, in einer derart ausgeprägten Schönheit, dass man das Gefühl hat, man hätte Flügel bekommen und könnte sich in die Luft erheben. Das ist es, was die Mathematik zur Sucht werden lässt.

Es würde mich nicht wundern, wenn es ein biochemisches Korrelat für diese Momente gäbe, in denen einen die Erkenntnis durchzuckt, das eine oder andere Opiat, das in diesen Augenblicken vom Gehirn abgesondert wird.

Sogar Kate, die eine ausgesprochene Aversion gegen die exakten Wissenschaften hegt, hat einmal die Ekstase einer mathematischen Offenbarung am eigenen Leibe erlebt. Und es war die Nacht nach dieser für sie neuen Erfahrung, als wir uns ineinander verliebten.

Eines Abends hatte Stan mich angerufen, ob ich eventuell einer jungen Dame aus einer Notlage heraushelfen könne. Eine gute Freundin von ihm arbeite zur Zeit an ihrer Dissertation in Psychologie. Ihr Doktorvater habe verlangt, sie solle einen Auffrischungskurs in Statistik belegen. Jetzt stehe sie kurz vor der Prüfung und sei der Verzweiflung nahe. Ob ich bereit sei, ihr ein paar Grundbegriffe zu erklären. «Übrigens», sagte er abschließend, «sie ist echt süß.»

«Süß» war nicht gerade das Erste, was mir auf der Zunge lag, als ich sie am nächsten Abend hereinbat. Man darf doch wohl ein kleines Zeichen der Dankbarkeit erwarten, wenn man einem Fremden selbstlos seine Hilfe anbietet; statt dessen warf sie mir aus dunklen Augen vorwurfsvolle Blicke zu. Wir gingen ins Arbeitszimmer. Während sie ihre Bücher auspackte, zog sie über das Streben nach mathematischer Präzision im Bereich der Emotionen her. Sie gab mir keine Chance, ihr zuzustimmen. Als Mathematiker war ich per definitionem einer der *bad guys*. Den statistischen Ansatz in der Psychologie halte sie für derart abscheulich, dass sie eine nahezu körperliche Abneigung dagegen empfinde. Das sei männliches Denken in seiner schlimmsten Ausprägung. Warum verlangten wir Männer, dass etwas quantifizierbar sein müsse, bevor wir es als Wissenschaft akzeptierten? Sie hatte auch gleich die Antwort parat: Weil wir in Panik gerieten, wenn wir mit Dingen konfrontiert würden, die sich nicht ordnen ließen – am liebsten würden wir diese daher von der Erdoberfläche verschwinden lassen. Und warum gerieten wir in Panik? Weil es nichts Unordentlicheres und Unförmigeres gebe als unsere eigene aufgestaute, durch und durch verquaste Emotionalität.

«Setz dich doch», sagte ich, als sie sich ausgetobt hatte. Ich hielt es für das Vernünftigste, den Handschuh, den sie mir zugeworfen hatte, nicht aufzunehmen.

Wir nahmen uns das einleitende Kapitel ihres Statistiklehrbuches vor. Sie war offensichtlich intelligent genug, alles zu verstehen, doch jeder mathematische Begriff in meinen Ausführungen löste bei ihr eine heftige allergische Reaktion aus.

«Sigma hinten, Sigma vorne», sagte sie, wobei sie mit den Armen vor ihrem Gesicht herumfuchtelte. «Du gehst ständig davon aus, dass ich weiß, wovon du redest.»

«Sorry.» Ich erklärte ihr, was Sigma bedeutet.

«Vor ein paar Minuten hast du es aber nicht in dieser Bedeutung verwendet.»

«Doch, habe ich.»

«Dann hättest du das aber ein bisschen expliziter tun müssen.»

Wir hängten eine Nachtschicht dran. Gegen drei, während eines meiner x-ten Versuche, ihr etwas zu erklären, warf sie ihren Bleistift auf den Tisch.

«Es ist sinnlos. Tut mir leid für deine ach so faszinierende Statistik, aber dafür bin ich einfach zu blöd.»

«Natürlich bist du das nicht!» Ihre Halsstarrigkeit ging mir auf die Nerven. «Und übrigens, ich bin auch nicht gerade verrückt nach Statistik.»

Zum ersten Mal an diesem Abend musste sie lächeln.

«Los, versuch's noch ein letztes Mal.»

«Also gut. Nur um dir einen Gefallen zu tun.»

«Gut. Zuerst schreiben wir diese Zahlen untereinander, siehst du?»

Schmollend, ohne mich anzusehen, hörte sie sich meine Erklärung an. Zumindest protestierte sie nicht mehr bei jedem Schritt.

«Und dann musst du, um die Standardabweichung zu ermitteln, diese Quadrate zusammenzählen, durch n teilen ...»

«Warte mal, sei mal eben still.» Sie musterte die Zahlen auf dem Blatt mit einer schmerzverzerrten Grimasse. «Was du sagst, ist: Zähl diese Zahlenkolonne zusammen, teil sie durch dieses n da und ...»

Was sich in diesem Augenblick abspielte, war das Wunder der mathematischen Offenbarung. Innerhalb eines Sekundenbruchteils verwandelte sich ihr düsterer, brütender Gesichtsausdruck in strahlenden Sonnenschein.

«Gibt's das? Ich hab's kapiert!»

Jetzt, da wir den Aufstieg hinter uns hatten, konnten wir unser schweres Gepäck fallen lassen und uns den Schweiß von der Stirn wischen. Wir standen nebeneinander auf einem Gebirgspass und genossen die Aussicht auf die mathematische Landschaft. Als ich sah, wie sich das Panorama in Kates Augen widerspiegelte, fiel mir zum ersten Mal auf, wie schön sie war. Den Frauen, zu denen ich mich im Lauf der Jahre hingezogen gefühlt hatte, war meine Leidenschaft für Zahlen unbegreiflich gewesen, woraus ich den Schluss gezogen hatte, dass Liebe und Mathematik einander ausschließen. Doch jetzt schien mein Jugendtraum, meinen Lebensinhalt mit einer Frau teilen zu können, in Erfüllung zu gehen.

«Unglaublich», sagte sie, «war das jetzt alles?»

Ich hoffte, dass sie die Uhr im Bücherschrank nicht bemerken würde. Es war schon nach vier.

«Gib mir noch 'ne andere Aufgabe», bat sie eifrig. «Ich will wissen, ob ich es auch allein schaffe. Und mach es nicht zu einfach.»

Als ich ihr eine neue Zahlenreihe gab, strahlte sie, als handelte es sich um ein kostbares Geschenk.

Mit den Augen folgte ich ihren Fingern, die über die Tasten des Taschenrechners flogen. Ich sah, wie sie sich jedesmal, wenn sie ein Ergebnis notierte, auf die Unterlippe biss, wie sie vor Vergnügen gurrte, wenn diese Ergebnisse auch einer doppelten Kontrolle standhielten. Wenn sie etwas wissen wollte, legte sie eine Hand auf meinen Unterarm, und wenn wir ihre Berechnungen zusammen durchgingen, fühlte ich die Wärme ihrer Wange dicht neben meiner. Ich fragte mich, wie sie reagieren würde, wenn ich sie zu küssen versuchte. Später erzählte sie mir, dass sie nur darauf gewartet habe; aber da ich mich ja nicht getraut hätte, habe sie immer wieder um eine neue Aufgabe gebeten. Wir saßen noch an meinem Schreibtisch, als das erste Licht des Tages durch die Vorhänge schimmerte.

Zum ersten Mal seit jener wundervollen Nacht mit Kate traf mich die Morgendämmerung wieder an meinem Schreibtisch an. Obwohl ich bisher nur unbedeutende Fortschritte erzielt hatte, war ich sehr zufrieden. Meine diversen Versuche, Dimitris Forschungsergebnisse anzuwenden, waren viel zu waghalsig gewesen – als könnte man den Gipfel erreichen, indem man einfach losrannte. Immer wieder taumelte ich ins Basislager zurück und schleifte eine Lawine falscher Gedankengänge hinter mir her. Jedenfalls wusste ich jetzt, wie ich es *nicht* anpacken durfte, und außerdem war meine erste beflügelte Nacht seit Jahren durchaus ein paar geistige blaue Flecken wert.

Um mich von meinen Anstrengungen zu erholen, trat ich kurz auf den Balkon hinaus. Es war eiskalt und meine Augen, die schmerzten, weil sie durch das Starren nach Gleichungen auf dem Blatt Papier ausgetrocknet waren, füllten sich mit wohltuenden Tränen. Weit unter mir kam ein Transporter der *Chronicle* mit quietschenden Reifen um die Ecke gebogen und fuhr mit Vollgas durch die verlassene Straße. Es war zu früh für deutliche Farben: Die Stadt war in ein diffuses Blaugrau getaucht. Nur die Strahler des Fernsehturms blinkten in der Ferne rot und weiß, rot, weiß. Kate und ich hatten nach jener Nacht auch hier gestanden, anfangs Hand in Hand, dann Arm in Arm, dann in einer innigen Umarmung.

Ein paar Stunden später schreckte mich das Telefon aus dem Schlaf. Es war meine Mutter, die mich fragte, ob ich nicht mal wieder Lust hätte, an diesem Sonntag mit von der Partie zu sein. Das war ein regelmäßig wiederkehrendes Ritual: Andrew, Liz und ihre beiden Kinder kamen jeden Sonntag zu ihr zum Essen und alle paar Wochen fühlte sie sich als Mutter dazu verpflichtet, mich ebenfalls einzuladen. Noch sporadischer fühlte ich mich als Sohn dazu verpflichtet, die Einladung anzunehmen. Diese Begegnungen waren nämlich unerträglich: Den ganzen Abend lang musste ich mir das Gezeter von zwei verwöhnten Kindern anhören, während das Gespräch der Erwachsenen – wenn man das überhaupt ein Gespräch nennen konnte – lediglich aus langwierigen Verhandlungen zwischen Oma und Eltern bestand, wer welches Kind wann wohin bringen musste. Auch dieses Mal lehnte ich dankend ab, und wie immer bestand meine Mutter nicht weiter auf meinem Kommen.

Als ich aufgelegt hatte, merkte ich erst, wie wenig ich geschlafen hatte. Fünf plus vier gleich neun. Siebzehn minus achtundzwanzig gleich minus elf. Statt meinen Geist zu erfrischen, machte das Kopfrechnen mich auf ein dumpfes Klopfen in meinem Kopf aufmerksam. Während der kurzen Nachtruhe waren alle Gedanken über das Problem der wilden Zahlen zu hämmernden Kopfschmerzen verklumpt.

Im Badezimmerspiegel blickte ich in die verstörten Augen von jemandem, der zu lange allein gewesen war. «Hallo», sagte ich. «Hallo, hallo.» Meine Stimme hörte sich noch immer so merkwürdig an wie während des Telefongesprächs mit meiner Mutter, als wäre es die Stimme eines anderen.

Das Frühstück war eine Tortur. Das Müsli, das auf der Verpackung als *extra knusprig* angepriesen wurde, fühlte sich auf meiner Zunge unangenehm rauh an und machte so viel Krach in meinem Kopf, dass ich den Teller beiseite schob und mich mit Kaffee begnügte. Es war wieder mal so weit: Ich hatte einen Mathekater.

Bereits in meiner Kindheit waren meine Zahlenspiele oft mit einem Kater bestraft worden. Einmal hatte ich einen mysteriösen Zusammenhang zwischen dem Quadrat der Summe einer beliebigen Anzahl von Variablen und der Summe ihrer Quadrate entdeckt. Ich saß in meinem Zimmer und schrieb die Ergebnisse fein säuberlich ab.

$$(a+b)^2 = 2(a^2+b^2) - (b-a)^2$$
$$(a+b+c)^2 = 3(a^2+b^2+c^2) - ((c-b)^2 + (c-a)^2 + (b-a)^2)$$
$$(a+b+c+d)^2 = 4(a^2+b^2+c^2+d^2) - ((d-c)^2 + (d-b)^2 + (d-a)^2 + (c-b)^2 + (c-a)^2 + (b-a)^2)$$

Jahre später wurde mir zu meiner großen Enttäuschung klar, dass das einzig Mysteriöse an diesen Gleichungen von meiner Unkenntnis bestimmter mathematischer Gesetze herrührte; die Trivialität des Zusammenhangs wurde durch die Umständlichkeit, mit der ich ihn ausgedrückt hatte, verschleiert. Damals aber hatte ich in meinem Entdeckerstolz so hoch in den Wolken geschwebt, dass meine Mutter schon halb die Treppe heraufgekommen war, bevor ich sie endlich meinen Namen rufen hörte.

«Isaac! Zum allerletzten Mal: Das Mittagessen steht auf dem Tisch!»

«Ich komme!» Meine Blase wäre beinahe geplatzt. Da mir ein Bein eingeschlafen war, musste ich ins Badezimmer hinken, wo ich den Reißverschluss gerade noch rechtzeitig aufbekam. Als ich beim Händewaschen mein Spiegelbild über dem Waschbecken sah, erschrak ich über den verstörten Blick in meinen Augen. Einen Ausdruck, den ich bis ins Erwachsenenalter hinein noch häufiger bei einem Blick in den Spiegel wahrnehmen sollte.

Unten in der Küche schien das Licht so grell, dass mir die Augen schmerzten, und die Stimme meiner Mutter war schrill und unangenehm. Sie hatte meine Leidenschaft für Zahlen ohnehin nie verstanden, jetzt aber, da mein Vater uns für immer verlassen hatte, war sie ständig gereizt und hatte überhaupt kein Verständnis mehr für mein Hobby. Ohne mich anzusehen, reichte sie mir eine Scheibe Brot mit Erdnussbutter und wandte sich wieder den Vorbereitungen für einen Apfelkuchen zu. Ich biss hinein, doch es war, als gehörten sowohl die Hand, die die Brotscheibe hielt, als auch der Mund, der den Geschmack wahrnahm, einem anderen. Wie abwesend stellte ich fest, dass die Luftigkeit des Brotes sich erst in etwas Sumpfiges und dann in etwas Klebriges verwandelte, bevor sie sich wieder in den intensiven Geschmack von Erdnussbutter auflöste. Unterdessen summten gewaltige Zahlen- und Formelschwärme in meinem Kopf herum. Dann hörten wir Schritte auf der Veranda. «Ich bin verletzt!» Mein Bruder Andrew stürmte in die Küche. Er hatte gerötete Wangen und roch nach Erde und Gras. «Ich bin verletzt!» Er zog ein Hosenbein hoch und zeigte uns sein blutendes Knie. «Mein armer Junge.» Mit einem zärtlichen Lächeln setzte meine Mutter ihn auf einen Stuhl. Während sie sich vor Andrew hinkniete, um die Wunde zu behandeln, erzählte er, in seinem Eifer, ja keine Einzelheit auszulassen, über die Wörter stolpernd, von seinen wilden Abenteuern im Park. Meine Abenteuer im Reich der Zahlen verblassten daneben. Als meine Mutter Jod auf die Wunde tröpfelte, atmete er scharf ein, wie wir das von den Cowboys in den Western kannten. Ich bewunderte seine Schmerzen, die im Vergleich mit den wirren Gedanken und Wahrnehmungen, die meine Aufmerksamkeit fesselten, so klar und einfach waren. Eifersüchtig sah ich zu, wie er mit einem Pflaster belohnt wurde.

Nach dem Mittagessen zog ich mich in mein Zimmer zurück, um mich wieder meiner neuen Entdeckung zuzuwenden. Sie bereitete mir jedoch nicht mehr das geringste Vergnügen. Ich hatte einen steifen Hals, meine Augen waren gerötet und die fröhlichen Stimmen von Andrew und seinen Freunden, die draußen unter meinem Fenster spielten, machten mir meine Einsamkeit nur zu bewusst. Um diese trüben Gefühle zu unterdrücken, begann ich mir eine neue Formel auszudenken, die ich sofort niederschrieb:

$(a+b+c+d+e+f+g+h+i+j+k+l+m+n+o+p+q+r+s+t+u+v+w+x+y+z)^2 =$

$26 \ (a^2+b^2+c^2+d^2+e^2+f^2+g^2+h^2+i^2+j^2+k^2+l^2+m^2+n^2+o^2+p^2+q^2+r^2+s^2+t^2+u^2+v^2+w^2+x^2+y^2+z^2) - ((z-y)^2+(z-x)^2+(z-w)^2+(z-v)^2+ (z-u)^2 + (z-t)^2 + (z-s)^2 +(z-r)^2+ (z-q)^2+ (z-p)^2 + (z-o)^2 + (z-n)^2 + (z-m)^2 +(z-l)^2+ (z-k)^2+(z-j)^2 + (z-i)^2 + (z-h)^2 + (z-g)^2 + (z-f)^2 + (z-e)^2 +(z-d)^2+ (z-c)^2 + (z-b)^2 + (z-a)^2 + (y-x)^2 + (y-w)^2 +(y-v)^2+ (y-u)^2 + (y-t)^2 + (y-s)^2 + (y-r)^2 + (y-q)^2 +(y-p)^2+ (y-o)^2+(y-n)^2 + (y-m)^2 + (y-l)^2 + (y-k)^2 + (y-j)^2 + (y-i)^2 + (y-h)^2 + (y-g)^2 + (y-f)^2 + (y-e)^2 + (y-d)^2 + (y-c)^2 +(y-b)^2+ (y-a)^2 + (x-w)^2 + (x-v)^2 + (x-u)^2 + (x-t)^2 + (x-s)^2 + (x-r)^2 + (x-q)^2 + (x-p)^2 + (x-o)^2 + (x-n)^2 + (x-m)^2 + (x-l)^2 + (x-k)^2 + (x-j)^2 + (x-i)^2 + (x-h)^2 + (x-g)^2 + (x-f)^2 + (x-e)^2 + (x-d)^2 +(x-c)^2+ (x-b)^2 + (x-a)^2 + (w-v)^2 + (w-u)^2 + (w-t)^2 + (w-s)^2 + (w-r)^2 + (w-q)^2 + (w-p)^2 +$
$(w-o)^2 + (w-n)^2 + (w-m)^2 + (w-l)^2 + (w-k)^2 + (w-j)^2 + (w-i)^2 +$
$(w-h)^2 + (w-g)^2 + (w-f)^2 + (w-e)^2 + (w-d)^2 + (w-c)^2 + (w-b)^2 +$
$(w-a)^2 + (v-u)^2 + (v-t)^2 + (v-s)^2 + (v-r)^2 + (v-q)^2 + (v-p)^2 + (v-o)^2 + (v-n)^2 + (v-m)^2 + (v-l)^2 + (v-k)^2 + (v-j)^2 + (v-i)^2 + (v-h)^2 + (v-g)^2 + (v-f)^2 + (v-e)^2 + (v-d)^2 + (v-c)^2 + (v-b)^2+ (v-a)^2 + (u-t)^2 + (u-s)^2 + (u-r)^2 + (u-q)^2 + (u-p)^2 + (u-o)^2 + (u-n)^2 + (u-m)^2 + (u-l)^2 + (u-k)^2 + (u-j)^2 + (u-i)^2 + (u-h)^2 + (u-g)^2 + (u-f)^2 + (u-e)^2 + (u-d)^2 + (u-c)^2 + (u-b)^2 + (u-a)^2 + (t-s)^2 + (t-r)^2 + (t-q)^2 + (t-p)^2 + (t-o)^2 + (t-n)^2 + (t-m)^2 + (t-l)^2 + (t-k)^2 + (t-j)^2 + (t-i)^2 + (t-h)^2 + (t-g)^2 + (t-f)^2 + (t-e)^2 + (t-d)^2 + (t-c)^2 + (t-b)^2 + (t-a)^2 + (s-r)^2 + (s-q)^2 + (s-p)^2 + (s-o)^2 + (s-n)^2 + (s-m)^2 + (s-l)^2 + (s-k)^2 + (s-j)^2 + (s-i)^2 + (s-h)^2 + (s-g)^2 + (s-f)^2 + (s-e)^2 + (s-d)^2 + (s-c)^2 +$

$(s-b)^2 + (s-a)^2 + (r-q)^2 + (r-p)^2 + (r-o)^2 + (r-n)^2 + (r-m)^2 +$
$(r-l)^2 + (r-k)^2 + (r-j)^2 + (r-i)^2 + (r-h)^2 + (r-g)^2 + (r-f)^2 +$
$(r-e)^2 + (r-d)^2 + (r-c)^2 + (r-b)^2 + (r-a)^2 + (q-p)^2 + (q-o)^2 +$
$(q-n)^2 + (q-m)^2 + (q-l)^2 + (q-k)^2 + (q-j)^2 + (q-i)^2 + (q-h)^2 +$
$(q-g)^2 + (q-f)^2 + (q-e)^2 + (q-d)^2 + (q-c)^2 + (q-b)^2 + (q-a)^2 +$
$(p-o)^2 + (p-n)^2 + (p-m)^2 + (p-l)^2 + (p-k)^2 + (p-j)^2 +$
$(p-i)^2 +$
$(p-h)^2 + (p-g)^2 + (p-f)^2 + (p-e)^2 + (p-d)^2 + (p-c)^2 + (p-b)^2 +$
$(p-a)^2 + (o-n)^2 + (o-m)^2 + (o-l)^2 + (o-k)^2 + (o-j)^2 + (o-i)^2 +$
$(o-h)^2 + (o-g)^2 + (o-f)^2 + (o-e)^2 + (o-d)^2 + (o-c)^2 + (o-b)^2 +$
$(o-a)^2 + (n-m)^2 + (n-l)^2 + (n-k)^2 + (n-j)^2 + (n-i)^2 + (n-h)^2 +$
$(n-g)^2 + (n-f)^2 + (n-e)^2 + (n-d)^2 + (n-c)^2 + (n-b)^2 + (n-a)^2 +$
$(m-l)^2 + (m-k)^2 + (m-j)^2 + (m-i)^2 + (m-h)^2 + (m-g)^2 +$
$(m-f)^2 +$
$(m-e)^2 + (m-d)^2 + (m-c)^2 + (m-b)^2 + (m-a)^2 + (l-k)^2 +$
$(l-j)^2 +$
$(l-i)^2 + (l-h)^2 + (l-g)^2 + (l-f)^2 + (l-e)^2 + (l-d)^2 + (l-c)^2 +$
$(l-b)^2 + (l-a)^2 + (k-j)^2 + (k-i)^2 + (k-h)^2 + (k-g)^2 + (k-f)^2 +$
$(k-e)^2 + (k-d)^2 + (k-c)^2 + (k-b)^2 + (k-a)^2 + (j-i)^2 + (j-h)^2 +$
$(j-g)^2 + (j-f)^2 + (j-e)^2 + (j-d)^2 + (j-c)^2 + (j-b)^2 + (j-a)^2 +$
$(i-h)^2 + (i-g)^2 + (i-f)^2 + (i-e)^2 + (i-d)^2 + (i-c)^2 + (i-b)^2 +$
$(i-a)^2 + (h-g)^2 + (h-f)^2 + (h-e)^2 + (h-d)^2 + (h-c)^2 + (h-b)^2 +$
$(h-a)^2 + (g-f)^2 + (g-e)^2 + (g-d)^2 + (g-c)^2 + (g-b)^2 + (g-a)^2 +$
$(f-e)^2 + (f-d)^2 + (f-c)^2 + (f-b)^2 + (f-a)^2 + (e-d)^2 + (e-c)^2 +$
$(e-b)^2 + (e-a)^2 + (d-c)^2 + (d-b)^2 + (d-a)^2 + (c-b)^2 +$
$(c-a)^2 + (b-a)^2)$

Es war die längste Formel, die ich mir jemals ausgedacht hatte – doch was hatte ich davon? Jetzt war meine Hand lahm und das Summen in meinem Kopf stärker als jemals zuvor. Ich brauchte weitere Ablenkung und so probierte ich die Formel mit sechsundzwanzig willkürlichen Zahlen aus.

Je älter ich wurde und je komplexer die mathematischen Rätsel ausfielen, die ich mir stellte, desto gemeiner wurden die Kater.

Eines Samstagnachmittags, am Tag nach einer Fete in der High-School, an der ich nicht teilgenommen hatte, saß ich wieder einmal in meinem Zimmer. Ich hatte mich schon einige Zeit damit beschäftigt, eine goniometrische Funktion zu integrieren, als Andrew die Tür aufriss:

«Du errätst es nie», sagte er. «Penny und ich haben es gestern Abend gemacht.»

«Toll», sagte ich, ohne aufzublicken.

Er habe Penny nach der Schulfete nach Hause gebracht. Ihre Eltern seien übers Wochenende ausgeflogen, so dass sie das Reich für sich allein gehabt hätten. Mitten im Wohnzimmer hätten sie einander ausgezogen. «Und als wir ganz nackt waren – meine Fresse, waren wir vielleicht geil –, da legte Penny sich auf den Teppich ...»

«Könntest du deine animalischen Eskapaden vielleicht für dich behalten?», schnauzte ich ihn an. «Siehst du denn nicht, dass ich beschäftigt bin?»

«Bist du ein Arschloch, Mann.» Er drehte sich um und warf die Tür hinter sich ins Schloss. «‹Animalische Eskapaden›», rief er auf dem Gang, «du bist eifersüchtig, das ist es!»

Ein paar Stunden später hatte ich das mathematische Problem zwar geknackt, die Landschaft aber, die sich mir offenbarte, hatte noch nie so öde und leblos ausgesehen. Viel intensiver war das Bild von Penny und meinem jüngeren Bruder, die nackt über einen Teppich rollten. Ich hingegen war noch nicht einmal in die Nähe des ersten Kusses gekommen. Schnell ließ ich mir ein neues Problem einfallen, doppelt so kompliziert wie das letzte, aber ich konnte mich nicht konzentrieren: Die erotischen Bilder wurden immer plastischer. Beauregards Porträt, das bei mir an der Wand hing, konnte mir an diesem Tag keinen Trost spenden. Er schien dieselben schalkhaften Augen und dasselbe lüsterne Lächeln zu haben wie mein Bruder. Darüber hinaus war er auch noch ein brillanter Mathematiker. Verärgert über meine kindische Heldenverehrung der letzten Monate, riss ich das Porträt von der Wand.

Im Laufe der Jahre stellte ich mir immer häufiger die Frage, ob die Mathematik wirklich eine Passion sei oder nicht vielmehr eine Sucht, ein Schmerzmittel zur Betäubung meiner unbefriedigten Sehnsüchte. Die wohltuenden Effekte der Mathematik wurden allmählich geringer, so dass ich eine stets größere Dosis brauchte und Raubbau mit meinen gesünderen Eigenschaften trieb. War es Liebe oder Obsession, die mich dazu brachte, Mathematik zu studieren und diese anschließend zu meinem Beruf zu machen?

Für Kate war die Antwort auf diese Frage sonnenklar.

In der Zeit, in der wir zusammenwohnten, geriet meine Karriere in eine Sackgasse. Meiner Dissertation, einer detaillierten Untersuchung der Templeton-Funktionen, die unzählige Möglichkeiten für weitere Forschungen eröffnete, hatte ich die Stelle an der Uni zu verdanken. Doch selbst die Mathematik ist abhängig von der Mode; jedenfalls schienen sich nach dem Abschluss meiner Doktorarbeit immer weniger Leute für mein Forschungsgebiet zu interessieren. Währenddessen hatte einer meiner ehemaligen Assistenten, der fünf Jahre jünger war als ich, seinen ersten Aufsatz an die Zeitschrift *Number* geschickt. Sein Name: Larry Oberdorfer. Nachdem die Redakteure ihr Jawort gegeben hatten, lief er den Rest des Tages im Gang auf und ab. «Ist es ein Vogel? Ist es ein Flugzeug?», rief er immer wieder, um dann mit ausgebreiteten Armen bei einem von uns ins Büro zu hüpfen. «Es ist *Number*man!»

Obwohl Dimitri mir versicherte, das nachlassende Interesse an den Templeton-Funktionen sei reines Pech, und Angela mich ermahnte, ich solle mich doch nicht von Larry entmutigen lassen, gab ich mir selbst die Schuld für diesen Mangel an Erfolg. Ich hatte mich nicht schwer genug ins Zeug gelegt, um die Welt vom Stellenwert meiner Arbeit zu überzeugen.

Verzweifelt bat ich Kate um Zustimmung, mich abends doch wieder an der Mathematik versündigen zu dürfen. Ich versprach ihr, dass der Verstoß gegen ihre Vorschriften nur vorübergehender Art wäre. Nach wochenlangem Schuften und Abrackern hatte ich endlich ein Ergebnis, das sich vielleicht veröffentlichen ließe. Ich hatte eine These entwickelt, von der ich genau wusste, dass sie stimmte; allerdings war für die vollständige Ausarbeitung des Beweises viel Geduld und mathematische Technik erforderlich. Es gab kaum einen Anlass zur Freude, da schon im Voraus feststand, dass das endgültige Resultat meiner Arbeit für die *Number* zu mager sein würde. Meine Fachkollegen würden ihre Meinung zu den Templeton-Funktionen bestimmt nicht sofort korrigieren. Hatte es überhaupt Sinn, die Arbeit daran weiterzuführen? Ich musste die letzten Reserven von Geist und Körper mobilisieren, um nicht aufzugeben. Währenddessen ging Kate jedoch die Geduld aus. Sie beklagte sich darüber, dass wir nichts mehr zusammen unternahmen, dass ich auf Distanz gegangen sei und dass es ungesund sei, mich auf diese Weise abzusondern.

Um meinen guten Willen zu demonstrieren, ging ich an jenem Freitagabend mit ihr aus. Die weltberühmte Deirdre Lindsay Dance Company, von der ich natürlich noch nie etwas gehört hatte, trat in unserer Stadt auf. Vor der Vorstellung speisten wir in einem teuren Restaurant, wobei wir ununterbrochen über unsere Beziehung redeten – das heißt, Kate redete über mich und ich hörte zu. Die Templeton-Funktionen summten noch immer in meinem Kopf herum und erschwerten es mir, mich darauf zu konzentrieren, was meine Freundin mir vorwarf und wie ich mich rechtfertigen könnte.

Sie war zu dem Schluss gelangt, dass mir die Mathematik als Ausflucht diene, als Möglichkeit, mich vor meinen tieferen Gefühlen zu verstecken. Mit glasigen Augen starrte ich sie an, während sie meine Hand streichelte und mir mit einem warmen, besorgten Blick in die Augen sah.

«Ich glaube, dass du dir nie richtig klargemacht hast, wie sehr du als Kind unter der Scheidung deiner Eltern gelitten hast. Das Einzige, was dir eingefallen ist, war, in dein Zimmer zu gehen und Zahlen zusammenzuzählen.»

Ich nickte. Die Mathematik war eine Droge, ein Schmerzmittel. Das war mir schon vor Jahren bewusst geworden.

«Außerdem glaube ich, dass du hinsichtlich deiner Eifersucht auf Andrew nie mit dir selbst ins Reine gekommen bist. Ihm schenkte deine Mutter ihre Liebe, er war es, der Erfolg bei den Mädchen hatte ...»

Ja, da war sicherlich etwas dran. Wenn nur dieser Lärm in meinem Kopf endlich aufhören würde.

«Und jetzt bist du der Verzweiflung nahe, weil Larry einen kleinen Artikel in der *Number* publiziert. Siehst du denn den Zusammenhang nicht?»

Ich schüttelte den Kopf.

«Larry ist einfach wieder dein kleiner Bruder Andrew.»

Jetzt musste ich wohl oder übel reagieren. «Das ist doch lächerlich!»

Kate lachte freundlich und streichelte wieder meine Hand. «Tut mir leid, dass ich diesen alten Psychologentrick aus der Schublade holen musste. Wenn es nicht wahr ist, warum reagierst du dann so emotional?»

«Weil es nicht fair ist.»

«Isaac, ich bin doch nicht dein Gegner. Ich will dir doch nur helfen. Ich habe das Gefühl, dass du den Reichtum deiner Emotionen irgendwo in deiner Jugend zurückgelassen hast. Irgendwo stecken sie noch, das weiß ich genau. Du kannst so herzlich und liebevoll sein. Aber du verschließt dich davor, du ziehst dich immer wieder in die sichere, ordentliche Welt der Abstraktion zurück.»

«Was soll ich denn machen? Die Mathematik aufgeben?»

«Isaac!», rief sie böse, doch eine richtige Antwort erhielt ich nicht.

Beim Nachtisch und beim Kaffee setzte sie die Analyse meiner Persönlichkeit fort. Je mehr sie mein Seelenleben zerpflückte, desto wärmer wurde ihr Gesichtsausdruck. Als es an der Zeit war, ins Theater zu gehen, war sie wieder bis über beide Ohren in mich verliebt.

«Ich bin so froh, dass wir endlich miteinander geredet haben, Isaac.» Sie hakte sich bei mir unter und wir überquerten die Straße in Richtung Theater. «Du doch auch, hoffe ich?»

«Klar.»

Als das Licht im Zuschauerraum ausging, lehnte sie sich zu mir herüber und gab mir einen leidenschaftlichen Kuss. Deirdre Lindsay und ihre Tänzer begannen ihre Darbietung und hüpften auf der Bühne herum. «Keine Geschichte, keine verborgenen Bedeutungen», hieß es im Programm, «nichts als eine Ode an das Leben, einfach und rein.» Doch was ich sah, löste keinerlei Gefühle in mir aus, außer einem leichten Ärger über den affektierten Ausdruck auf den Gesichtern der Tänzer. Kate hatte ihre Hand in meine gelegt, unsere Finger waren ineinander verschlungen. Zwei Stück Menschenfleisch, dachte ich. Plötzlich wurde das Summen in meinem Kopf lauter. Wenn ich ein paar Schritte in meiner Beweisführung umdrehte, würde diese nicht nur sehr viel einfacher werden, auch die Implikationen meiner These hätten dann eine viel größere Reichweite! Hätte ich nur was zu schreiben bei mir! Ich betete, mir alles merken zu können. Ich spürte bereits, wie mir meine Gedanken entglitten.

In der Pause entschuldigte ich mich und eilte zu den Toiletten. Ich schloss mich in eine der Kabinen ein, fand in meiner Jackentasche einen Stift, riss ein Stück Klopapier von der Rolle und notierte alles, was ich mir hatte merken können. Die Schritte umzudrehen ging nicht so leicht, wie ich gedacht hatte. «f' (x) ist ein Element von ..., f'(x) ist ein Element von ...» Der Gong ertönte. Verdammt! Ich drückte auf die Spülung und trat aus der Kabine. Ein paar Männer an den Urinalen drehten sich um und starrten mich an. Mit dem vollgeschriebenen Klopapier wischte ich mir den Schweiß von der Stirn. Anschließend stopfte ich es in meine Tasche.

«Alles in Ordnung, Isaac?», fragte Kate. «Du warst so lange weg.»

«Ja, alles bestens.»

Während Deirdre Lindsay und ihre Gruppe weiter ihr Lebensfest zelebrierten, versuchte ich mich mit aller Macht auf die Templeton-Funktionen zu konzentrieren. Kate machte es mir nicht gerade einfacher: Sie hatte ihre Hand zwischen meine Beine gelegt und fing an, mich sanft zu kneifen. Ich rückte ein wenig zur Seite.

«Feigling», flüsterte sie, während sie an meinem Ohrläppchen knabberte. «Wart nur ab, bis wir zu Hause sind.»

Tatsächlich: Kaum waren wir wieder in unserem Apartment, als sie mich geradewegs ins Schlafzimmer bugsierte und gegen die Wand nagelte und mich wie wild zu küssen begann. Ihre Zunge, tief in meinem Mund, ließ mir wenig Spielraum für mathematische Reflexionen. Sie knöpfte mein Hemd auf, öffnete den Reißverschluss meiner Hose und zog diese mit einem Ruck nach unten. Mein Körper reagierte auf ihre Hände und Lippen, wie es sich gehörte; je größer meine Erregung wurde, desto weiter zogen sich alle Gedanken an die Templeton-Funktionen zurück in die Tiefen meines Geistes. Hastig zerrte ich Kate die Kleider vom Leib. Wir ließen uns aufs

Bett fallen und eine Zeit lang liebten wir uns mindestens ebenso leidenschaftlich wie in den ersten Tagen unserer Beziehung – bis etwas Seltsames passierte. Plötzlich beanspruchten die Templeton-Funktionen wieder meine ganze Aufmerksamkeit, während ich gleichzeitig auf die rhythmischen Bewegungen unserer beiden Körper hinunterblickte. Meine Gedanken bewegten sich irritierend synchron zu meinen Wahrnehmungen. Jeder Kuss, jedes Streicheln, jedes Stöhnen, jeder Stoß entsprach einem Schritt in der Beweisführung, die Wiederholung unserer Bewegungen hielt mich jedoch davon ab, das erwünschte Ergebnis zu erreichen. Nur durch Kates Körper konnte ich zu dem Unbekannten auf der anderen Seite der Gleichung gelangen, ich konnte jedoch nicht tief genug in sie eindringen: $f'(x)$ ist ein Element von T dann und nur dann, wenn ..., dann und nur dann, wenn ..., $f'(x)$ ist ein Element von T wenn, wenn, wenn, dann und nur dann, wenn ... Der unvollständige Schritt wiederholte sich, schneller und immer schneller, bis wir unseren Höhepunkt erreichten.

Noch während Kate in meinen Armen wieder zu Atem zu kommen versuchte, starrte ich an die Decke. Na klar: $f'(x)$ ist ein Element von T dann und nur dann, wenn es solch eine Zahl n gibt, so dass für alle x größer als n gilt: $f'(x)$ ist Templeton-stetig. Der nächste Schritt müsste es also sein zu beweisen, dass eine solche Zahl n existierte.

«Isaac», sagte Kate, meinen Gedankengang unterbrechend, mit einem matten, verträumten Blick in den Augen.

«Ja? Was ist denn?»

«Siehst du, was passiert, wenn du abends nicht an die Mathematik denkst?»

«Ja.»

«Siehst du, wie wunderschön es sein kann?»

«Ja.»

Sie schlief in meinen Armen ein. Ich war hellwach, jetzt, da ich nur noch ein paar kleine Schritte von der Lösung des Problems entfernt war. Aber dafür musste ich ins Arbeitszimmer, zu Stift und Papier. Mit äußerster Vorsicht nahm ich ihren schlaffen Arm von meiner Brust und legte ihn auf das Kissen. Sie machte ein paar schmatzende Geräusche mit den Lippen, rollte sich auf die andere Seite und schlief weiter. Ich erhob mich, sammelte so viele Kleidungsstücke ein, wie ich in der Dunkelheit finden konnte, und schlich aus dem Zimmer.

Kurz darauf saß ich an meinem Schreibtisch, zwar mit einer Hose, doch ohne Hemd und an den Füßen nur eine Socke. Kates Kleid, das ich aus Versehen auch mitgenommen hatte, hing über dem Stuhl mir gegenüber. Anfangs warf ich noch ängstliche Blicke über meine Schulter, dann aber richtete ich mich auf und widmete mich voll und ganz den Templeton-Funktionen. Leider endeten meine stundenlangen Bemühungen mit einer Enttäuschung. Meine brillante Idee, zwei Schritte in der Beweisführung umzudrehen, hatte mich kaum weitergebracht.

Ich starrte Kates Kleid an. Sie hatte noch nicht einmal bemerkt, wie abwesend ich beim Bumsen gewesen war. Im Gegenteil, sie dachte sogar, dass wir einander näher gekommen seien. Wie viel Leidenschaft und Zärtlichkeit waren mir entgangen, nur wegen einer Hand voll blöder mathematischer Gleichungen? Mit ziemlicher Verzögerung durchfluteten mich warme Gefühle für sie.

Mit Tränen in den Augen und mit dem Vorsatz, mir in

Zukunft mehr Mühe zu geben, kroch ich zurück ins Bett, so nahe wie möglich zu ihr. Ich wollte noch einmal mit ihr schlafen, dieses Mal mit den Gedanken ganz bei der Sache. Ich legte eine Hand auf ihren Oberschenkel und küsste sie mehrmals auf die Schulter, doch sie schlief zu tief, um zu reagieren. Nach dieser Nacht ging es mit unserer Beziehung schnell bergab. Am nächsten Morgen – ich schlief noch – entdeckte Kate ihr Kleid in meinem Arbeitszimmer. Bestürzt weckte sie mich. Nachdem ich mein Vergehen gebeichtet hatte, regte sie sich furchtbar auf, als wäre sie gerade dahintergekommen, dass ich mich allen Beteuerungen zum Trotz noch immer mit einer anderen Frau träfe.

Kater. Einer führte zum anderen. Am Morgen nach meiner ersten Wilde-Zahlen-Nacht kam mir mein Leben vor wie eine einzige lange Reihe von Katern. Und auch dazwischen hatte es nur herzlich wenig Aufregendes gegeben.

Lustlos fischte ich mit dem Löffel Müsliflocken aus der Milch, um sie anschließend wieder hineinfallen zu lassen. Ich fragte mich, was letzte Nacht eigentlich in mich gefahren war. Meine Sucht hatte anscheinend eine neue, gefährliche Phase erreicht. In der Vergangenheit hatte ich mich zwar immer wieder viel zu intensiv und viel zu lange in Probleme verbissen, mich jedoch nie an etwas herangewagt, das meine mathematischen Fähigkeiten überstieg. Bislang war ich immer ein umsichtiger Bergsteiger gewesen: Vor dem Beginn einer Expedition hatte ich genau gewusst, welche Felswände und Eisfelder ich vermeiden musste. Dieses Mal war ich, wie ein Geisteskranker mit Schaum vor dem Mund, mir nichts, dir nichts in Richtung Gipfel losgestürmt.

Im Nachhinein bin ich dankbar dafür, dass ich es in jener Nacht über mich gebracht habe, mich von der allzu bescheidenen Einschätzung meiner eigenen Fähigkeiten freizumachen. Wenn ich nicht nach den Sternen gegriffen hätte, wäre ich nie auf die Lösung des Problems der wilden Zahlen gekommen. Doch in der Rückschau ist es immer einfach, sich zur eigenen Risikobereitschaft zu gratulieren, wenn die Sache ein gutes Ende genommen hat. Damals jedenfalls geriet ich in Panik.

Ich betrat das Arbeitszimmer, um das wirre Gekritzel vom letzten Abend in den Papierkorb zu werfen. Doch als ich meinen Schreibtisch aufräumen wollte, wurde das Summen in meinem Kopf lauter und ich musste mich wieder hinsetzen.

Den ganzen Samstag und Sonntag verbrachte ich am Schreibtisch. Meine vorläufigen Annahmen flickte ich mit noch mehr vorläufigen Annahmen zurecht, wodurch das Gepäck, das ich den Berg hinaufschleppen musste, immer schwerer wurde. Vergeblich versuchte ich mich von der Arbeit loszureißen. Vielleicht sollte ich doch lieber meine Mutter zum Essen besuchen. Oder einen Spaziergang im Park machen, das würde mir bestimmt gut tun. Die Sonne aber schien zu grell, und die Menschen draußen jagten mir Angst ein, auch wenn sie offenbar ebenso viel Angst vor mir hatten wie ich vor ihnen. Wie immer waren die Entzugserscheinungen schlimmer als die Droge selbst. Ich eilte zurück in mein Arbeitszimmer, wo das einzige Heilmittel auf mich wartete, das ich jemals gekannt hatte: eine neue und höhere Dosis Mathematik.

Obwohl ich am nächsten Morgen um neun Uhr unterrichten musste, saß ich um vier Uhr morgens noch immer am Schreibtisch. Die Landschaft um mich herum war unheimlich und bedrohlich geworden. Nichts stimmte mehr, überhaupt nichts. Dieses Gebiet war nicht von Anatole Millechamps de Beauregard erkundet worden, der Pfad, dem ich folgte, war nicht von Heinrich Riedel abgesteckt worden und die Ausrüstung, die ich benutzte, war nicht von Dimitri Arkanov entwickelt worden. Dieser Pfad führte denn auch nicht zur Wahrheit, sondern geradewegs ins Nichts und in die Verwirrung.

Vor mir hatte erst ein einziger Mensch diesen Pfad betreten. Er war mein Führer und ging, sein altes Tonbandgerät mit sich schleppend, ein paar Meter vor mir her.

6

DREI STUNDEN UNRUHIGER SCHLAF brachten mich von meinem Wilde-Zahlen-Wochenende in den Montagmorgen. Mein Pflichtbewusstsein als Dozent verbat es mir, mich krankzumelden. Die allerletzte Übung vor der großen Algebraprüfung begann um neun Uhr und meine Studenten würden mich ohne Zweifel noch mit unzähligen Fragen löchern. Ich vermied das Kraftfeld des Arbeitszimmers, in dem das Problem der wilden Zahlen nur darauf wartete, mich wieder in seine Fänge zu locken, und ging ins Badezimmer. Auch wenn ich auf das Schlimmste vorbereitet war, traf mich mein Spiegelbild wie ein Schock. Von zerzausten Haaren und einem Dreitagebart eingerahmt, brannte in meinen Augen die fiebrige Glut eines religiösen Fanatikers.

Nachdem ich mich gewaschen und rasiert hatte, machte ich mich viel früher, als es nötig gewesen wäre, auf den Weg in Richtung Campus, in der Hoffnung, die kühle, professionelle Atmosphäre der Fakultät würde eine beruhigende Wirkung auf mich ausüben. Als ich mit dem Rad im morgendlichen Berufsverkehr mitrollte, fühlte ich mich bereits ein Stück besser. Nach einem einsamen und verrückten Wochenende war ich wieder einer von vielen Berufstätigen, glatt rasiert und auf dem Weg zur Arbeit; wie alle anderen bremste auch ich bei Rot und fuhr bei Grün weiter.

Als ich aber die Fakultät erreichte, wurde meine allmähliche Genesung mit einem Schlag zunichte gemacht. Vor meiner Tür stand Herr Vale und wartete auf mich. Das ganze Jahr über hatte er sich geflissentlich an die Vereinbarungen gehalten. Er hatte während der Lehrveranstaltungen den Mund gehalten und uns – abgesehen von den allwöchentlichen Viertelstunden – nicht belästigt. Warum hatte er sich ausgerechnet diesen Montagmorgen für seinen Regelverstoß ausgesucht? Und warum hatte er gerade mich als Opfer auserwählt? Das konnte kein Zufall sein. Er war letzten Freitag mit dem Problem der wilden Zahlen bei mir aufgetaucht und hatte mich damit zu einem langen Wochenende in völliger Isolation «inspiriert». Er war in meiner nächtlichen Vision mein Bergführer gewesen, der mich auf eine falsche Spur gebracht hatte. Und jetzt stand er leibhaftig vor meiner Tür und wartete auf mich. Wie ein Missionar, der verlorenen Seelen hinterherjagt, verfolgte er mich, ganz versessen darauf, mich zu seinen verqueren Ansichten zu bekehren.

«Ich muss unbedingt mit Ihnen reden, Herr Professor.»

«Sie haben bereits am Freitagnachmittag mit mir geredet. Sie wissen, dass Ihnen das heute nicht erlaubt ist.» Ich verbarg meine Panik hinter einem scharfen Ton. Der Blick in seinen Augen erinnerte mich nur allzu sehr an das, was ich gerade erst in meinem Badezimmerspiegel gesehen hatte.

«Mir ist durchaus bewusst, dass ich gegen eine Vorschrift verstoße, Herr Professor. Was ein Hinweis für Sie sein sollte, dass es sich um eine äußerst dringende Angelegenheit handelt.»

Er stellte sich direkt hinter mich, als ich die Tür öffnete, und bevor ich es merkte, war er mit ins Zimmer geschlüpft.

Ich versuchte ihn zu ignorieren. Ich setzte mich auf meinen Schreibtischstuhl, rollte zum Aktenschrank, zog die oberste Schublade heraus und blätterte angelegentlich in meinen Unterlagen. Herr Vale schaute mir über die Schulter.

«Wie Sie sich vielleicht erinnern, haben wir letzten Freitag das Problem der wilden Zahlen angesprochen.»

Das durfte nicht wahr sein! Abrupt drehte ich mich auf dem Stuhl um. «Herr Vale», sagte ich, «wären Sie bitte so freundlich und würden mein Zimmer verlassen? Sehen Sie nicht, dass ich beschäftigt bin?»

«Ja, Herr Professor, das sehe ich», gab er sanft lächelnd zu. «Mögen Ihnen noch viele Jahre voller Beschäftigung beschieden sein. Genau das ist der Grund für meinen ungelegenen Besuch: Ich möchte Sie warnen.»

«Wovon um Himmels willen reden Sie?»

«Sie durchschauen uns, Herr Professor.»

«Wer? Wer ‹durchschaut› uns? Wen meinen Sie mit ‹uns›?»

«Wegen der weitreichenden Folgen meiner Wilde-Zahlen-These versuchen allerlei obskure Gruppierungen, genauere Informationen zu gewinnen. Sie, Herr Professor Swift, der Sie der Einzige sind, den ich hinsichtlich meiner spektakulären Entdeckung ins Vertrauen gezogen habe, sind somit leider in die Schusslinie dieser Leute geraten. Wie unwahrscheinlich es auch klingen mag, so verfüge ich doch über sichere Hinweise, dass auch zwei von Ihnen sehr geschätzte Studenten in diese Sache verwickelt sind. Leider muss ich Ihnen mitteilen, dass der junge Mann, den Sie unter dem Namen Peter Wong kennen gelernt haben, in Wirklichkeit Li Chu heißt und ein Geheimagent der chinesischen Regierung ist, während sein ständiger Begleiter, Sebastian O'Grady, dessen richtiger Name Timothy Kirkpatrick lautet, enge Beziehungen zur Irischen Republikanischen Armee unterhält und auf der Liste der von Scotland Yard meistgesuchten Verbrecher einen Spitzenplatz einnimmt.»

«Lächerlich.» Kopfschüttelnd blätterte ich weiter in meinen Unterlagen. In gewisser Hinsicht fühlte ich mich nach Vales wirrer Geschichte erleichtert. Da sie unverkennbar blanker Unsinn war, legte sich meine Unruhe ob meiner eigenen geistigen Gesundheit ein wenig. Trotzdem störte mich seine Anwesenheit in meinem Büro sehr. Seine außer Rand und Band geratene Phantasie hinderte mich daran, meine Gedanken zu ordnen. Er beugte sich jetzt über mich, so dass ich seinen schlechten Atem riechen konnte.

«Ich verstehe Ihre Skepsis», sagte er. «Ich muss zugeben, dass auch ich es zunächst nicht glauben konnte, so fasziniert war ich von der raschen Auffassungsgabe der beiden. Wie bedauerlich, dass ihre unschuldige Begeisterung nur Pose ist, die sie bis in die kleinste Einzelheit in den Trainingslagern ihrer Auftraggeber einstudiert haben. Doch ich bitte Sie, Herr Professor, lassen Sie uns nicht allzu lange um zwei junge Seelen trauern, die den Verlockungen des Bösen erlegen sind. Wir müssen die Augen offen halten, denn auf uns lauern noch größere Gefahren. Der Feind hat selbst die Reihen der wissenschaftlichen Mitarbeiter infiltriert. Ich muss zugeben, dass es ein brillantes Ablenkungsmanöver von ihm war, als Einziger mir die allwöchentliche Fünfzehn-Minuten-Audienz zu verweigern. Geradezu genial war es, mein Werk lauthals als Blödsinn abzutun. Aber ich habe Ihren Kollegen gleich durchschaut! Herr Professor Oberdorfer ist der führende Kopf bei diesem Feldzug, der zum Ziel hat, mir meine These zu entwenden! In seinem niemals nachlassenden Streben nach Macht, Ruhm und Reichtum schreckt er vor nichts und niemandem zurück und er ist bereit, meine These an den Meistbietenden zu verkaufen, ohne sich um dessen fragwürdige Absichten zu kümmern.»

«Kommen Sie, Herr Vale. Wer sollte sich denn für die wilden Zahlen interessieren? Sie haben schließlich nicht den geringsten praktischen Nutzen.» Das war das Argument, das Kate ständig gegen meine Arbeit vorgebracht hatte. «Wenn es Ihnen nichts ausmacht, würde ich mich jetzt gerne auf meine Übung vorbereiten.»

«Ihre Naivität erstaunt mich, Herr Professor Swift», fuhr er unverdrossen fort. «Muss ich Sie daran erinnern, dass die wilden Zahlen nebst ihren mysteriösen Neffen, den Primzahlen, zum Kodieren verwendet werden? Mit Hilfe meiner These lassen sich diese Kodes von nun an ohne weiteres knacken. Die Implikationen sind dramatisch. Stellen Sie sich nur vor: all die sorgfältigst kodierten vertraulichen und personenbezogenen Daten in den Archiven von Versicherungen und Krankenhäusern, von Banken und Polizeidienststellen auf einmal frei zugänglich für rachsüchtige Nachbarn, Klatschkolumnisten und andere böswillige Zeitgenossen! Und diese Gefahren sind noch gar nichts im Vergleich zu den Folgen, die meine These für die militärische Geheimhaltung haben wird. Wussten Sie beispielsweise, dass die elektronischen Systeme, mit denen Atomsprengköpfe gelenkt werden, die Lenkmechanismen der so genannten intelligenten Waffen, auf der Grundlage der wilden Zahlen kodiert werden? Wenn sich der Feind meine Erkenntnisse zu Eigen macht, kann er nicht nur diese Lenkmechanismen dekodieren und damit diese Waffen unschädlich machen; nein, er kann deren Flugroute darüber hinaus nach Belieben ändern und die Flugkörper gegebenenfalls zum Absender zurückschicken. Ein furchterregendes Bild tut sich dabei vor meinem geistigen Auge auf, Herr Professor Swift: ein Flugkörper, der über New York, Paris, London oder jeder anderen x-beliebigen westlichen Metropole schwebt und der entsprechend programmiert worden ist, um gemäß einer makabren Choreographie in der Luft zu kreisen und Loopings auszuführen, kurz, all das zu tun, was sich die morbide Phantasie des Feindes auszudenken vermag, bevor dieser, prustend vor Vergnügen, die tödliche Waffe auf die in Panik geratenen Menschenmassen niedergehen lässt.»

«Und welche Gegenmaßnahmen schweben Ihnen vor?» Ich schob die oberste Schublade des Aktenschrankes zu und zog die mittlere heraus.

«Höre ich eine Spur von Unbekümmertheit aus Ihren Worten heraus, Herr Professor? Ich kann es Ihnen nicht verübeln. Die Implikationen meiner These haben mich anfangs auch eher an einen Sciencefictionfilm erinnert. Doch wer hätte damals gedacht, dass die Zerstörung von Hiroshima und Nagasaki in Albert Einsteins simpler Formel E = mc² beschlossen lag? Ich flehe Sie an, Herr Professor, der Menschheit und unserem Planeten zuliebe: Meiden Sie die Nähe jener Personen, die ich Ihnen vorhin genannt habe. Verhalten Sie sich in nächster Zeit ruhig, verstecken Sie sich eventuell, solange es erforderlich ist.»

Es war eine Minute vor neun. Ich schloss die mittlere Schublade und zog die unterste auf. «Und wie lange, glauben Sie, wird das erforderlich sein?»

«Bis ich die komplexe Logistik entwickelt habe, die notwendig ist, damit ich meine These ohne Risiko publik machen kann. Es ist nämlich von vitalem Interesse, dass dies weltweit gleichzeitig geschieht, nicht nur in Fachzeitschriften, sondern auch in den anderen Printmedien, im Rundfunk und im Fernsehen. Außerdem müssen noch Boten in die abgelegenen Siedlungen tief in den Regenwäldern, in die Beduinenlager in den Wüsten und in die Hütten der Schäfer in den einsamen Bergtälern geschickt werden, damit keine einzige Partei einen Vorteil gegenüber einer anderen hat. Trotz alledem können noch glorreiche Zeiten anbrechen, Herr Professor, denn wenn meine These erst einmal der ganzen Menschheit zugänglich ist, wird es nicht mehr möglich sein, Informationen zu hamstern. Sämtliche vorhandenen Kenntnisse und Technologien werden uns allen gemeinsam gehören. Das Hüten von Geheimnissen wird als eine beklagenswerte Obsession früherer Generationen betrachtet werden. Aufzuschneiden entspricht nicht gerade meiner Art, Herr Professor Swift, doch Sie dürfen sich nicht wundern, wenn die Begründung der schwedischen Akademie der Wissenschaften eines Tages folgendermaßen lauten wird:

‹Der Friedensnobelpreis wird in diesem Jahr dem Mathematiker Leonard Vale verliehen, dessen These der wilden Zahlen alle Kodes auf einen Schlag unbrauchbar gemacht hat. Somit ist der Weg frei für den weltweiten Dialog und für gegenseitiges Vertrauen.›»
«Das sind in der Tat glorreiche Aussichten. Jetzt aber ist es höchste Zeit für meine Übung.»
Ich nahm meine Bücher und wollte zur Tür gehen. Ein Stoß, der meinen Mund zuklappen ließ, hielt mich auf. Ich stand Auge in Auge mit Herrn Vale, der eine Hand fest gegen meine Brust drückte.
«Es ist sicherer, wenn wir Ihr Büro nicht zusammen verlassen», belehrte er mich. «Ich schlage vor, dass Sie mir einen Vorsprung von zwei Minuten gewähren.»
Verdutzt blieb ich in meinem Büro stehen. Als mir klar wurde, dass ich ihm tatsächlich den gewünschten Vorsprung einräumte, ihm also Recht gab, wenn ich so stehen bleiben würde, kam ich schnell in Bewegung. Noch ganz zittrig von der Konfrontation, stieg ich die Treppe zum Raum 207 hinauf, in dem mich meine Studenten aufgeregt erwarteten. Kaum hatte ich den Raum betreten, umringten sie mich auch schon wie blökende Schafe.
«Müssen wir Kapitel drei ...» «Herr Swift, können Sie uns noch ein letztes Mal erklären, wie ...» «Wieso sind Quaternionen und Oktonionen die einzigen ...»
Heftig gestikulierend bedeutete ich ihnen, sie sollten sich setzen.
Herr Vale hatte sich unterdessen auf seinem Stammplatz in der ersten Reihe niedergelassen und war gerade mit seinem Tonbandgerät beschäftigt.
«Guten Morgen, Herr Professor», sagte er munter.

Mit einem Klicken setzten sich die beiden Spulen seines monströsen Apparates in Bewegung. Mich befiel eine primitive Angst davor, dass dieser meine Seele in sich hineinsaugen würde, so dass Leonard Vale in jedem x-beliebigen Augenblick seine diabolische Macht über mich ausspielen könnte. Ich räusperte mich und leierte hastig die Kapitel herunter, die meine Studenten für die Prüfung vorbereiten mussten. Dann ging ich zur Tafel, um etwas aufzuschreiben. Meine Hand zitterte leicht, als ich das Kreidestück auf der Tafel ansetzte. Es zerbrach, und als ich mich bückte, um das abgebrochene Stück aufzuheben, stieß ich mir den Ellbogen an dem Aluminiumrand der Unterkante der Tafel. Immer mit der Ruhe, Isaac Swift, dachte ich. Kreide bricht nun einmal leicht, und man stößt auch gelegentlich mit dem Ellbogen irgendwo an. Die Wahrscheinlichkeit war groß, dass den Studenten nichts Seltsames an mir aufgefallen war.

«Wie ihr seht», sagte ich zu der Herde, die mich dösig anglotzte, «müssen wir, bevor wir beweisen können, dass die Gruppe K kommutativ ist, ein Einheitselement definieren.» Ich war angenehm überrascht über meinen ruhigen Tonfall.

«Aber Herr Professor», rief einer der Studenten in klagendem Ton, «wieso ist K kommutativ?»

«He, was für ein Zufall», sagte ich scherzend, «das habe ich mich auch gerade gefragt.»

Lautes Lachen erschallte. Ich gab mich selbstbewusst und spendierte dem armen Frager das berüchtigte Mathematikergrinsen. Als das Lachen im Raum kein Ende finden wollte, kontrollierte ich in einem Anflug von Panik, ob etwa mein Reißverschluss offen war. Ich versuchte dies möglichst unauffällig zu erledigen, indem ich mir zugleich den Kreidestaub vom Ellbogen wischte. «Nun: $e*a$ ist gleich $a*e$ ist gleich e, e ist also gleich a.» Ich schrieb diese Regel an die Tafel. «Hieraus folgt, dass a gleich seiner eigenen Inverse ist, folglich ist $a*b^{-1}$ ein Element der Gruppe.» Wieder versetzte mich meine eigene Klarheit in Erstaunen. Alles lief wie geschmiert, solange ich nicht zu Herrn Vale hinübersah. Was allerdings nicht ganz einfach war. Da er in der ersten Reihe wie auf dem Präsentierteller saß, wurde mein Blick immer wieder von den sich langsam und gleichmäßig drehenden Spulen seines Tonbandgeräts angezogen. Ich merkte, dass ich zu schielen begann und Gleichgewichtsprobleme bekam. Nach Halt suchend, lehnte ich mich an die Tafel, wobei ich aber vergaß, dass sie aus zwei beweglichen Paneelen bestand. Ich wäre beinahe gefallen und konnte mich gerade noch fangen, indem ich einen Schritt zurück machte. Die Studenten sahen mich mit großen Augen an. Offenbar fiel mein seltsames Verhalten noch immer nicht ins sichtbare Spektrum. Ich schrieb die letzten Schritte der Beweisführung an die Tafel. «Das heißt also», stellte ich erleichtert fest, «$e*a$ ist gleich $a*e$ ist gleich e, folglich ...» Ich brach mitten im Satz ab. Genau das hatte ich bereits als erste Zeile an die Tafel geschrieben. Aus irgendeinem Grund hatte ich mich in einem Zirkelschluss verfangen.

So ausdauernd ich auch die Tafel anstarrte, ich kam einfach nicht dahinter, was ich falsch gemacht hatte. Hinter meinem Rücken wurden die Studenten langsam unruhig.

«Herr Swift, meiner Meinung nach haben Sie einen Schritt ausgelassen.» Es war Peter Wongs Stimme.

Als ich mich umdrehte, sah ich die panische Angst in Herrn Vales Blick. Li Chu, der chinesische Spion!

«Sie haben das Einheitselement nicht präzise genug definiert», erklärte Peter.

«Wo?» Ich hatte absolut den Faden verloren. «Hier?»

«Nein, nein, nein, nicht dieses *e*, das andere!», rief Sebastian O'Grady alias Timothy Kirkpatrick.

«Dieses hier?»

«Ja!»

«Das ist das Einheitselement, ja.»

Langsam schürzten Peters Lippen sich zu einem Grinsen.

«Ich sehe das Problem nicht», musste ich zugeben.

«Sie können nicht einfach behaupten, dass die beiden Elemente kommutativ sind, ohne erst zu beweisen, dass die Inverse von *b* ein Element der Gruppe ist. Andernfalls kann dieses *e* unmöglich das Einheitselement sein, jedenfalls solange nicht, wie sich nicht ganz ausschließen lässt, dass die beiden Elemente nicht kommutativ sind.»

«Aber habe ich das nicht dort oben getan?», fragte ich demütig. Ich hatte kein Wort von Peters Erklärung verstanden, weil ich von Vales Grimassen abgelenkt worden war, mit denen dieser mich ohne Zweifel warnen wollte.

Das Grinsen blieb. «Genau das haben Sie dort oben nicht getan.»

Die übrigen Studenten schmunzelten still vor sich hin. Die braven Schafe hatten sich in blutrünstige Wölfe verwandelt.

Ich wusste nicht mehr, was ich tun sollte. Mathematiker kennen keine Gnade, wenn sie einen Fehler entdecken. Was kümmerte es meine Studenten, dass ich lediglich drei Stunden Schlaf gehabt hatte oder dass Herr Vale vor wenigen Minuten mir gegenüber handgreiflich geworden war? Ein Fehler war ein Fehler. Mein Instinkt riet mir zur Flucht.

«Erlauben Sie?», fragte Peter, der sich schon halb von seinem Stuhl erhoben hatte und in Richtung Tafel nickte.

Es tat weh, mit ansehen zu müssen, mit welchem Schwung er die Tafel vollschrieb. Jeden Schritt erklärte er mit großer Präzision, und die Fragen seiner Kommilitonen beantwortete er, als hätte er schon sein ganzes Leben vor der Klasse gestanden. Als er fertig war, wurde er mit begeistertem Applaus belohnt.

«Hier, Herr Swift.» Freundlich hielt er mir das Kreidestückchen wieder hin.

Von überall her schauten mich grinsende Gesichter an.

«Herr Swift?»

«Weiter so, Peter.» Ohne mich noch einmal umzudrehen, verließ ich den Raum.

Eine Stunde später marschierte ich rastlos in meinem Wohnzimmer auf und ab. Was hatte ich da angestellt! In einem Anfall von Panik hatte ich meine Studenten im Stich gelassen, in aller Öffentlichkeit hatte ich meine Selbstbeherrschung verloren. Und das auch noch in der allerletzten Lehrveranstaltung des Semesters: Sie würden das Bild meines Abganges den ganzen Sommer vor Augen haben! Ich erwog, jeden Seminarteilnehmer einzeln anzurufen, um mich für mein unprofessionelles Verhalten zu entschuldigen und am Telefon stundenlang auf all ihre Fragen einzugehen oder am nächsten Tag ein Marathonseminar zu organisieren und alle die Prüfung mit

Glanz und Gloria bestehen zu lassen. «Du Idiot!», herrschte ich mich an. «Du Arschloch!» Als das Wohnzimmer für meine Selbstvorwürfe zu eng wurde, verlängerte ich meine Marschroute in die anderen Räume meines Apartments, das heißt, in alle Räume mit Ausnahme des Arbeitszimmers, das die Heimstatt all meiner Probleme war.

«Du redest laut vor dich hin, du Idiot. Halt's Maul!» Ich fragte mich, ob ich auf dem besten Weg war, mich in einen jener Geistesgestörten zu verwandeln, die mir manchmal auf der Straße begegneten und die sich mit Briefkästen unterhielten oder Mülleimer beschimpften. «Halt's Maul und setz dich hin.» Doch es hielt mich nicht lange auf der Couch und ich tigerte wieder im Zimmer auf und ab.

Als das Telefon läutete, erstarrte ich. Das könnte der Dekan unserer Fakultät sein, der mich zu sich ins Büro bestellte, um mich freundlich aufzufordern, so zu handeln, wie es sich für einen Ehrenmann geziemt ... Mit gekrümmten Fingern blieb meine Hand knapp oberhalb des Hörers in der Luft hängen. *Los, Isaac. Nimm ab. Nimm verdammt noch mal endlich ab.*

«Hallo?»

«Nochmals einen guten Tag, Herr Professor, hier ist Leonard Vale.»

«Herr Vale», setzte ich streng an.

«Nein, nein, ich bitte Sie», unterbrach er mich. «Ich weiß, dass Sie ein vielbeschäftigter Mensch sind, und ich möchte Sie bestimmt nicht länger als unbedingt nötig von Ihrer Arbeit abhalten. Ich wollte Ihnen lediglich zu Ihrem brillanten Schauspiel heute Morgen während Ihrer Übung gratulieren. Li Chu und sein verabscheuungswürdiger Kumpan Timothy Kirkpatrick standen kurz davor zuzuschlagen, doch mit Ihrer genialen Aktion, Ihrer meisterlich gemimten Verwirrung, ist es Ihnen gelungen, sie ins Rampenlicht zu zerren. Um ihre wahre Identität nicht preiszugeben, mussten sie notgedrungen an der Lösung dieses unschuldigen mathematischen Problems mitwirken. Sie haben Li Chu gleichsam an die Tafel genagelt. Ein wirklich köstliches Schauspiel. Ich habe es für nicht möglich gehalten, Herr Professor Swift, doch meine Hochachtung für Sie ist noch weiter gestiegen.»

«Vielen Dank, Herr Vale», seufzte ich. «Nett von Ihnen, mich anzurufen.»

«Sie sind es, Herr Professor, der Dank verdient hat.» Er legte auf.

«So ein Kauz», lachte ich in den Hörer, bevor ich ebenfalls auflegte.

Meine Dankbarkeit war aufrichtig, denn seine phantastischen Einbildungen und Schauer-Szenarien hatten meinen Hang zur qualvollen Selbstkritik vorübergehend lahmgelegt. Es war höchste Zeit, alles aus der richtigen Perspektive zu betrachten. Gut, ich hatte mich während der Übung lächerlich gemacht. Das Schlafdefizit und die Verwirrung über Leonard Vales unangenehmen Besuch in meinem Büro hatten meine Konzentration so sehr beeinträchtigt, dass mir ein peinlicher, banaler Fehler unterlaufen war, den ich noch nicht einmal als solchen erkannt hatte, selbst dann nicht, als Peter mich darauf aufmerksam machte. Jetzt, da ich jeden Schritt der Beweisführung noch einmal in aller Ruhe nachvollziehen konnte, sah ich kristallklar vor mir, wo ich mich vergaloppiert hatte. Nein, noch klarer, denn kein einziger Kristall, egal mit welchem Reinheitsgrad, kann jemals so klar sein wie die mathematische Wahrheit. Einfach so aus einer Übung wegzulaufen, war schwach, vielleicht unverzeihlich; es bedeutete aber sicher nicht das Ende der Welt, solange ich noch immer richtig von falsch unterscheiden konnte. Fünf plus drei war nicht neun. Das war es nie gewesen und würde es auch nie sein. Solange ich mich von der Wahrheit und von nichts als der Wahrheit leiten ließ, konnte mich Vales verwirrter Geist nie und nimmer in die Irre führen.

Ich ging ins Arbeitszimmer und setzte mich an den Schreibtisch. Während ich mich mit neuer Inspiration und Entschlossenheit auf meine Forschungen stürzte, verblasste der Zwischenfall dieses Morgens immer mehr, bis er nichts anderes mehr war als ein schlechter Traum.

7

ANGENOMMEN, ES GIBT *eine unendliche, K-reduzierbare Menge pseudo-wilder Primzahlen Q_p. Suche dann eine Zuordnung für die Elemente q_p und w_p – wilde Primzahlen –, so dass es für jede pseudo-wilde Primzahl mindestens eine wilde Primzahl gibt* ...

«Was meinst du mit *Angenommen, es gibt Q_p*? So verlagerst du das Problem doch nur!»

«Was ist denn dagegen einzuwenden, ein Problem zu verlagern? So ist Heinrich Riedel schließlich auch zu seiner These gelangt.»

«Okay, aber du bist kein Heinrich Riedel.»

«Oh ja? Und wer bist du, wenn ich fragen darf?»

«Ich bin Isaac Swift.»

«Ich auch.»

«Hört auf, ihr zwei!», rief ich. «Ich bin hier am Arbeiten.»

«So so, eine dritte Stimme! Willkommen auf unserer Party.»

«Ein klein', zwei klein', drei kleine Isaacs», sang ich, «vier klein', fünf klein', sechs kleine Isaacs ...»

Meine Stimme überschlug sich zu einem Falsett, das Kate nachäffen sollte. «Das ist der pathologische Zustand, der landläufig als Dissoziation bezeichnet wird. Der Geist des Patienten zerfällt in mehrere Komplexe, die jeweils mehr oder weniger autonom agieren ...»

«Und wie lange leiden Sie schon daran?»

«Nun ja, Herr Doktor, angefangen hat alles mit einem mathematischen Problem, das man gemeinhin als das Problem der wilden Zahlen bezeichnet.»

«Sie und ich, Herr Professor Swift, wir befinden uns in großer Gefahr.»

«Maul halten, ihr alle! Ich versuche mich zu konzentrieren!»

Der Schlüssel zur Lösung wäre, zwei geeignete Teilmengen von Z und W zu finden und zu beweisen, dass jeder zahmen Zahl mindestens eine wilde Zahl entspricht, um anschließend zu beweisen, dass die zahme Teilmenge unendlich viele Elemente umfasst. Für eine gewisse Anzahl trivialer endlicher Teilmengen habe ich bereits Entsprechungen gefunden. Doch je größer die Menge ist, desto schwieriger wird es, eine klar definierbare Zuordnung zwischen zahmen und wilden Elementen festzulegen. Wenn ich doch nur eine von Dimitris so genannten Kalibratormengen finden könnte. Dann hätte ich es geschafft.

«Weiter so, Peter», murmelte ich. Es trieb mir noch immer die Schamröte ins Gesicht, wenn ich daran denken musste, wie ich meine Studenten im Stich gelassen hatte. Inzwischen war eine Woche vergangen, eine Woche, in der ich mich in mein Apartment zurückgezogen und jeden Kontakt zur Außenwelt abgebrochen hatte. Meine Angewohnheit, laut mit mir selbst zu reden, war außer Kontrolle geraten; jeder Schritt, körperlich oder geistig, rief sofort eine Horde Kommentatoren auf den Plan.

«Weiter so, Peter», wiederholte ich.

«Sie haben Ihr Einheitselement nicht präzise genug definiert.»

Das ist natürlich typisch, dachte ich, dass jemand, der kurz vor einem Zusammenbruch steht, sein Einheitselement nicht präzise genug definiert.

Es gab nur einen Weg, der Stimmen Herr zu werden, und das war, mich auf das Problem der wilden Zahlen zu konzentrieren. Doch wie sehr ich mich auch in dieses obskure Problem vertiefen mochte, ich kam der Lösung keinen Schritt näher. Im Gegenteil, ich verhielt mich wie ein verirrter Bergsteiger, der seine Selbstbeherrschung verloren hat. Statt die Ruhe zu bewahren, wie einem stets geraten wird, schleppte ich mich immer wieder in Richtung eines weit entfernt liegenden Punktes, der mir irgendwie bekannt vorkam. Doch eitle Hoffnung war mein einziger Führer und jedesmal, wenn sich solch ein Orientierungspunkt als Trugschluss erwiesen hatte, kehrten die vorübergehend verstummten Kommentatoren zurück, um mit noch größerer Energie als zuvor Gift und Galle zu speien.

«Ausgerechnet du willst das Problem der wilden Zahlen lösen?», fragte ich mich in Larrys arrogantem Tonfall.

«Hast du was dagegen?»

«Aber nein. Ganz und gar nicht. Nur weiter so.» Gleichzeitig schürzten sich meine Lippen jedoch zu jenem tödlichen Grinsen, das mein jüngerer Kollege so perfekt beherrschte.

War ich geisteskrank geworden? Es sah ganz danach aus. Ich fühlte, wie es war, Larry zu sein; seine abgrundtiefe Verachtung kam mir aus tiefstem Herzen. Dimitri war auch da, jedoch nicht als Stimme. Als ich mir vorstellte, wie er auf meine Wilde-Zahlen-Forschungen reagieren würde, empfand ich Trauer und schüttelte mein weises Haupt ob dieser Torheit.

«Eine schwache Persönlichkeit wie Isaac», sagte Kate in belehrendem Ton, «verfügt nicht über den nötigen Widerstand gegen den Wunsch nach Internalisierung von Freunden und Bekannten, die anschließend von destruktiven Instinkten wie ein Gärstoff beeinflusst werden, um sich zu düsteren, dämonischen Kräften zu entwickeln. Ich selbst bin ein Musterbeispiel für solch eine Kraft.»

«Ich danke dir für diesen Kommentar, mein Schatz.»

«Es war mir ein wahres Vergnügen, Liebster.»

Die Nächte waren am schlimmsten. Kate hatte mir irgendwann einmal gesagt, dass Schlafmangel und unregelmäßige Nahrungsaufnahme eine Psychose begünstigen könnten. Das beunruhigte mich. Eine Woche lang trockenes Brot und Tütensuppen konnte nicht gesund sein; in den letzten zwei, drei Nächten hatte ich jeweils nicht länger als eine Stunde am Stück geschlafen, da mich wirre Gedanken über das Problem der wilden Zahlen wach hielten, die sich mit bösen Stimmen, bizarren Phantasien und dem irritierenden Gelegenheitsgedicht abwechselten, das ich zur Hochzeit meiner Freunde zusammengestückelt hatte:

Vom Dschungel auf Yukatan
Bis an die Berge von Afghanistan:
Wo ist man kein Fan
Von Ann und Stan, Stan und Ann?

«So ein Schwachsinn», ließ sich Betty Lane hinter dem tropischen Farn hervor vernehmen.

«Künstliche Intelligenz, das wär was für dich», sagte ich mit der Stentorstimme von Vernon Ludlow, dem Magen- und Darmspezialisten. «Dann würdest du zur Abwechslung mal was Nützliches tun.»

«Amen!», pflichtete Kate ihm bei. Ihre Stimme schien aus dem zusätzlichen Kissen auf meinem Bett zu kommen.

Ich drehte mich auf die andere Seite und verwandelte mich in den jungen Anatole Millechamps de Beauregard, den Mozart unter den Mathematikern und strahlenden Mittelpunkt jeder x-beliebigen Party. Ich trug meinen Freunden eine brillante Ballade vor. Während Larry Oberdorfer und Vernon Ludlow, die beide Kleidung aus dem frühen neunzehnten Jahrhundert trugen und im Schatten standen, mir eifersüchtige Blicke zuwarfen, wurde ich von Frauen mit weiß gepuderten Gesichtern umschwärmt, deren Brüste verführerisch aus eng anliegenden Korsagen hervorlugten.

«Aha», rief Kate. «Aha! Endlich kommen deine wahren Motive ans Licht!»

«Sei endlich still!»

Und ich beförderte das dämonische Kissen hastig aus dem Bett.

Der Trick besteht darin, eine Reihe unendlicher Mengen pseudo-wilder Zahlen zu konstruieren, so dass ihr Durchschnitt ausschließlich wilde Zahlen umfasst. Doch entweder ist die Definition der Pseudowildheit zu schwach, so dass die Menge auch zahme Zahlen umfasst, oder sie ist zu stark, so dass die Menge leer bleibt. Eine Kalibratormenge. Eine Ka-

libratormenge. Wenn ich doch nur eine geeignete Kalibratormenge finden könnte!

«Es ist hoffnungslos», seufzte ich.

«Aber Sie brauchen das Problem doch nicht mehr zu lösen, Herr Professor. Denn ich kann Ihnen mitteilen, dass ich es soeben gelöst habe. Das ist mir doch bereits gelungen.»

«Ann und Stan, Stan und Ann ...»

Ich warf die Bettdecke auf den Boden und stand auf.

Gegen meine Schlaflosigkeit halfen nur drastische Maßnahmen. In der Küche nahm ich eine Gabel aus der Schublade, presste deren Zinken gegen die Innenseite meines Handgelenks und zog sie über meinen ganzen Unterarm. Die Gabel hinterließ eine Spur aus vier parallel verlaufenden weißen Linien, die erst blasser wurden, um anschließend, deutlicher als zuvor und sich allmählich rosa färbend, wieder zu erscheinen. Hier und dort traten kleine Bluttropfen aus. Der Schmerz war angenehm, wie ein leichter Sonnenbrand, und indem ich die Linien aufmerksam untersuchte, gelang es mir, die Stimmen kurzfristig zu verbannen.

Parallele Mengen wilder Zahlen? Ist das etwa die Lösung? Doch was verstehe ich unter parallelen Mengen?

Als Achtjähriger hatte ich einmal eine der silbernen Gabeln, die meine Mutter nur bei besonderen Gelegenheiten benutzte, aus der Schublade genommen und war bald dermaßen darin vertieft gewesen, mir ein Karomuster auf den Bauch zu kratzen, dass ich gar nicht bemerkt hatte, wie sie die Küche betrat. «Isaac!», kreischte sie. Sie riss mir die Gabel weg und gab mir einen Klaps auf die Hand. «Bist du denn total übergeschnappt?» Zur Strafe musste ich das ganze Silber putzen. Erst plärrte ich so laut es ging, doch das Brennen, das sich auf meiner Bauchdecke ausbreitete, und das glänzende Silber ließen mich die Wut meiner Mutter bald vergessen. Wie gebannt starrte ich auf mein Spiegelbild in einem der Vorlegelöffel, die ich gerade geputzt hatte: erst die Aushöhlung, die mich auf dem Kopf stehend widerspiegelte, dann die Wölbung, die meine Augen immer weiter hervortreten ließ, je näher ich den Löffel an mein Gesicht hielt. «Er ist so komisch», hörte ich meine Mutter am Telefon zu ihrer Freundin Alice sagen. «Soll ich ihn vielleicht mal untersuchen lassen?» Das Ganze entwickelte sich zu einem Ritual, das sich bis in meine Pubertät hinein regelmäßig wiederholte. Wenn ich traurig war, suchte ich Trost bei einer Gabel, mit der ich mir Muster in die Haut kratzte.

Parallele Mengen. Mir ist nicht ganz klar, was das bedeutet, aber es hört sich gut an.

«Er ist so komisch», murmelte ich.

Ich erhob mich von meinem Stuhl am Küchentisch und ging zurück ins Arbeitszimmer, um mich wieder dem Problem der wilden Zahlen zuzuwenden.

Eine Reihe so genannter paralleler Teilmengen ohne gemeinsame Elemente, die jede für sich eine einzigartige Spur wilder Zahlen nach sich zieht ...

Ich konnte mich nicht konzentrieren; die Wärme, die die Kratzer auf meinem Arm ausstrahlten, hatte mich schläfrig gemacht.

«Sehr gut, Herr Professor! Genau das versuche ich Ihnen schon die ganze Zeit deutlich zu machen. Sie brauchen sich nicht zu konzentrieren. Die ganze Arbeit ist bereits erledigt. Wenn ich Ihnen einen Rat geben dürfte:

Versuchen Sie noch ein wenig zu schlafen. Wir haben noch einen langen Tag vor uns.» Herr Vale und ich saßen, uns am trüben Morgen an einem Lagerfeuer wärmend, hoch oben in den Bergen. Wir waren auf der Flucht vor Larry Oberdorfer und seinen Handlangern Li Chu und Timothy Kirkpatrick und mussten den Gebirgspass noch vor der Mittagsstunde erreichen, sonst würden sie uns einholen und Vales Erkenntnisse an sich bringen und mit deren Hilfe die ganze Welt vernichten. Hinter dem Pass lag das Land von Vale. Dort war fünf plus drei gleich neun und alle lebten dort in ewigem Glück.

«Schlafen Sie, Herr Professor, ruhen Sie sanft. Ich werde Sie beschützen.»

Als ich die Augen öffnete, glaubte ich zuerst in einem tosenden Meer zu schwimmen. Riesige Schaumfratzen kamen drohend auf mich zu. Doch die Wellen waren lediglich die umgeknickten Enden der Blätter auf meinem Schreibtisch. Als ich den Kopf hob, wurde mir bewusst, dass das Telefon läutete. Ich wischte den Schleimfaden ab, der mir übers Kinn lief, und ging rasch ins Wohnzimmer.

Es war Dimitri. «Ich hab dich schon so lange nicht mehr gesehen. Du bist doch nicht etwa krank?»

«Nein, nein, ganz und gar nicht.» Mir wurde schwindlig, nicht nur wegen des grellen Sonnenlichts im Zimmer, sondern auch weil ich zum ersten Mal seit einer Woche wieder ein Gespräch mit einem lebenden Menschen führte. «Ich habe in den letzten Tagen zu Hause gearbeitet.»

«Oh, tatsächlich?»
Bildete ich mir das nur ein oder lag eine gewisse Portion Skepsis in seiner Stimme?
«Da wir gerade von deiner Arbeit reden: Ich würde ganz gern mal wieder etwas von deinen Fortschritten hören. Vielleicht könntest du irgendwann mal vorbeischauen ...»
«Natürlich. Gute Idee.» Bei dem Versuch, normal zu wirken, hörte ich mich vermutlich übertrieben munter an.
«Und warum nicht gleich? Ich hab den ganzen Tag Arbeiten korrigiert. Ein gutes Gespräch mit einem Kollegen würde mir jetzt ganz gut tun.»
«Den ganzen Tag?» Verdutzt sah ich auf die Uhr in der Küche. Tatsächlich, es war schon nach vier.
«Nun ja, ich hatte sonst nicht viel zu tun und bei diesem schönen Wetter hatte ich Mitleid mit den Assistenten, da hab' ich mir gedacht: Du könntest ihnen ja ein bisschen helfen. Also, Isaac, was hältst du davon?»
«Wovon? Oh ja, natürlich. Ich komme sofort.»
Als ich aufgelegt hatte, legte sich ein Gefühl der Verdammnis wie eine Decke um meine Schultern. Wie sollte ich Dimitri ins Gesicht sehen? Er wollte mit mir über meine Forschungen reden. Welche Forschungen? Ich hatte mit dem Material, das er mir gegeben hatte, nichts angefangen, nichts, außer es für meine törichten Angriffe auf das Rätsel der wilden Zahlen zu missbrauchen. Und dann war da ja noch der Zwischenfall mit dem Weglaufen. Ohne Zweifel würde er mich um eine Erklärung bitten. Seine Einladung, ihn in der Uni aufzusuchen, war lediglich ein Vorwand, um über meine geistige Gesund-

heit zu reden. Schließlich hatte er mich ja schon gefragt, ob ich krank sei. Wenn er mir jetzt noch väterlich die Hand auf die Schulter legt, dachte ich, werde ich endgültig zusammenbrechen. Ich stellte ihn mir in Überlebensgröße vor, seine Wärme und seine Weisheit, die mich umhüllten, während er mich in die Höhe hob und wie ein Baby in den Schlaf wiegte.

«Reiß dich zusammen, Swift», brummte ich. Im Badezimmer tat ich alles, was in meiner Macht stand, um der Welt unter die Augen treten zu können. Nachdem ich meinen Siebentagebart abrasiert hatte, wühlte ich im Arzneischränkchen herum, bis ich ein altes Fläschchen mit Augentropfen fand. Ich ignorierte das Verfallsdatum und kippte den Inhalt in meine blutunterlaufenen Augen. Die überschüssige Flüssigkeit strömte mir über die Wangen, so dass es aussah, als würde ich weinen. «Vergib mir, Dimitri», deklamierte ich mit einem melodramatischen Tremolo in der Stimme. «Vergib mir meine Sünden.» Hastig spritzte ich mir kaltes Wasser ins Gesicht. Ich entschied mich für ein Hemd mit langen Ärmeln, unter denen ich die vier gestrichelten Linien der Krusten auf meinem Arm verstecken konnte.

Als ich eintrat, studierte Dimitri gerade in einem riesigen Atlas eine Detailkarte des Gebietes zwischen Moskau und der Nordküste des Kaspischen Meeres.

«Ist der nicht wunderschön?», fragte er. «Den habe ich im Ausverkauf in der Universitätsbuchhandlung gekriegt. Da sich die Grenzen in Osteuropa und der ehemaligen Sowjetunion zur Zeit ständig ändern, ist dieser Atlas für die Politologie-Studenten kaum noch zu gebrauchen. Du musst dir mal die armen Kartographen von heute vorstellen. Tag und Nacht bei der Arbeit, um den jüngsten Entwicklungen auf dem Fuß zu folgen, fast wie Journalisten.»

Das Lachen fiel mir schwer. Es war nett von ihm, zuerst noch ein wenig mit mir zu plaudern, bevor er mir das Urteil verkündete; ich wollte es jedoch lieber möglichst schnell hinter mich bringen.

«Als Kind habe ich davon geträumt, die Wolga hinunterzufahren, bis zum Kaspischen Meer.» Er folgte dem Flusslauf mit dem Finger. «Der vom Staat subventionierte Ausflug nach Wolgograd, weiter bin ich nicht gekommen. Eines Tages vielleicht, wenn ich zu alt bin für die Mathematik ... Obwohl die Wirklichkeit vielleicht enttäuschend wäre.»

«Ja, da könntest du Recht haben.» Ja, Dimitri, ganz genau, Dimitri, bitte Dimitri, beeil dich und knall mich ab.

«Es hat mich immer fasziniert, wie die Kartographen mit unterschiedlichen Farben die Höhenunterschiede markieren, vor allem, dass sie Dunkelgrün für Gebiete unter dem Meeresspiegel verwenden», murmelte er vor sich hin, während er mit der Hand über das Gebiet rund um das Kaspische Meer fuhr. «Ich vermute, dass die Farben uns jene Natur suggerieren sollen, die wir mit den unterschiedlichen Höhen assoziieren: die Grüntöne für die Weidefläche und die Wälder in der Ebene, die Brauntöne für die Bergketten und kahlen Plateaus im Hochland, Violett und Weiß für die allerhöchsten, mit ewigem Eis bedeckten Berggipfel. Manchmal aber sind sie irreführend. Beispielsweise dieses dunkelgrüne Gebiet rund um das Kaspische Meer. In Wirklichkeit ist es dort ziemlich trocken, jedenfalls je südlicher man kommt, in Richtung Iran. Oder zum Beispiel das Death Valley.»

Ohne meine wachsende Unruhe zu beachten, blätterte er in aller Ruhe weiter im Atlas, bis er eine Karte von Kalifornien gefunden hatte. Er zeigte auf einen langen Streifen Dunkelgrün in einem ausgedehnten Gebiet mit Brauntönen. «So wie es hier dargestellt ist, könnte man meinen, es handele sich um ein üppiges Tal mitten in der Wüste, in Wirklichkeit aber ist es eines der trockensten Gebiete, welches mir jemals zu sehen vergönnt war. Nun ja. Irrtümer dieser Art sind eben der Preis, den wir bezahlen müssen, wenn wir zwei Dinge zugleich ausdrücken wollen.»

«Tut mir leid, aber könntest du bitte zur Sache kommen?»

«Wie bitte?» Als angesehener Gelehrter war es Dimitri gewöhnt, dass man ihm zuhörte. Unhöflichkeit war in seinem Universum ein derart seltenes Phänomen, dass ihn mein Ausbruch eher überraschte als beleidigte.

«Du hast mich doch nicht hierher zitiert, um deinen Atlas zu bewundern. Du willst wissen, warum ich dieses Jahr noch keine Ergebnisse vorweisen kann. Du willst wissen, warum ich aus der Übung weggelaufen bin. Ja, ja, ich weiß, was du sagen willst, glaub mir. Es ist unverzeihlich, die Studenten auf diese Weise im Stich zu lassen, vor allem so kurz vor der Abschlussprüfung und ...»

Er hob eine Hand, um dieser Sturzflut von Selbstvorwürfen Einhalt zu gebieten.

«Ich bitte dich, was den letzten Punkt betrifft, würde ich mir nicht allzu viele Gedanken machen. Peter hat mir erzählt, dass er und Sebastian nach deinem Abgang abwechselnd die Fragen ihrer Kommilitonen beantwortet haben. Den Arbeiten nach zu urteilen, die ich heute durchgesehen habe, ist es den beiden gelungen, an deine hervorragende didaktische Leistung in diesem Jahr auch in der letzten knappen Stunde anzuknüpfen. Es gab nur fünfmal ‹Ungenügend›! Doch du hast Recht, es ist schon seltsam, dass du weggelaufen bist. Um ehrlich zu sein, habe ich dich in der Tat nicht hierher gebeten, um mit dir Landkarten zu betrachten: Ich würde gerne wissen, was mit dir los ist.»

«Ich weiß es nicht genau», sagte ich niedergeschlagen. Natürlich war die Versuchung groß, mir alles von der Seele zu reden, doch es ging mir trotzdem zu weit, die wilden Zahlen zu erwähnen. Jetzt, da ich einem brillanten Gelehrten gegenübersaß, wurde mir erst richtig bewusst, wie unsinnig meine Schufterei der zurückliegenden zwei Wochen gewesen war.

«Du siehst müde aus. Könnte es sein, dass du zu viel arbeitest?»

«Offensichtlich arbeite ich noch lange nicht genug!», sagte ich mit einem bitteren Lachen. Ich starrte auf den grünen Streifen, der Kalifornien durchschnitt. Wenn ich Dimitri noch länger ansah, würde ich vielleicht in Tränen ausbrechen. «Seit meiner Diss habe ich nichts Aufsehen Erregendes mehr geleistet. Wenn es so weitergeht, bin ich mir nicht sicher, ob ich meine Stelle an der Uni noch lange behalten kann.»

«Du kannst Ergebnisse nicht erzwingen. Andernfalls würdest du deine Arbeit bald hassen. Ergebnisse, Veröffentlichungen, Arbeitsplatzgarantie: Allzu häufig bedeuten diese Dinge den Tod der Inspiration.»

«Du hast leicht reden», platzte es aus mir heraus. Mein kindlicher, beleidigter Ton kotzte mich selbst an, aber ich hatte mich nicht mehr unter Kontrolle. «Du kannst auf eine erfolgreiche Karriere zurückblicken. Als du so alt warst wie ich jetzt, warst du bereits ein international anerkannter Mathematiker.»

Dimitri schüttelte heftig den Kopf. «Als ich so alt war wie du jetzt, machte ich zufälligerweise eine der schwierigsten Phasen meiner Laufbahn durch.»

«Oh ja? Wirklich?»

«Du glaubst mir wohl nicht? Ja, es stimmt wirklich. Aufgrund einer gravierenden Fehleinschätzung meiner mathematischen Fertigkeiten war ich damals selbst davon überzeugt, dass ich kurz davor stünde, das Problem der wilden Zahlen zu lösen.»

«Das Problem der wilden Zahlen?», hakte ich vorsichtig nach.

«Ja. Als ich bewiesen hatte, dass es einen Zusammenhang zwischen den wilden Zahlen und den Primzahlen gibt, habe ich meine Erkenntnisse nicht gleich veröffentlicht. Ich hoffte nämlich, nur noch ein paar Schritte von einer viel spektakuläreren Entdeckung entfernt zu sein. Als sich herausstellte, dass ich mich geirrt hatte, konnte ich mich kaum überwinden, das bescheidenere Ergebnis zu veröffentlichen. Natürlich war das im Rückblick noch immer eine wundervolle These, wenn auch lange nicht so prächtig, wie ich gehofft hatte. Ich war bitter enttäuscht.»

«Das kann doch nicht dein Ernst sein! Diese These stellte den ersten großen Durchbruch seit über einem halben Jahrhundert dar.»

«Doch, das ist mein Ernst. Ein Teilerfolg kann frustrierender sein als ein richtiger Fehlschlag. Denk nur an die Silbermedaillengewinner, die auf dem Siegerpodest Tränen vergießen. Ich war dermaßen desillusioniert, dass ich jedes Interesse an der Mathematik verlor. Manchmal denke ich, dass diese Enttäuschung damals – und nicht mein Idealismus – der eigentliche Grund dafür war, mich mehr auf die Politik zu konzentrieren. Eine unglückselige Entscheidung, wie du weißt.»

Ich schwieg respektvoll, während er im Atlas zu der Seite zurückblätterte, auf der zu sehen war, wo sich das alles zugetragen hatte. Dimitri sprach so gut wie nie über diese schmerzlichste Phase in seinem Leben. Als Reaktion auf seine politisch angehauchte Eröffnungsrede bei einem Mathematikerkongress in Moskau war er seiner Funktion enthoben und in eine Nervenheilanstalt nach Wolgograd gebracht worden, um ihm dort seine antikommunistischen Wahnideen auszutreiben. Nach elf Monaten Haft zwischen schwer geistesgestörten Kriminellen wurde er auf starken Druck von Seiten internationaler Mathematikerkreise wieder freigelassen. Seine Strafe wurde in lebenslange Verbannung umgewandelt; er musste die Sowjetunion für immer verlassen. Nach fünfjährigem Tauziehen durften seine Frau und die beiden Töchter ihm endlich ins Ausland folgen.

«Hier war es», sagte er und zeigte auf den roten Fleck ein wenig nördlich des Kaspischen Meeres, «hier, eingesperrt zwischen diesen armen verlorenen Seelen, habe ich meine Liebe zur Mathematik wiedergefunden. Eigentlich muss ich den Behörden dafür dankbar sein, dass sie es mir ermöglicht haben, bis zum nackten Kern meiner

Passion vorzudringen. In diesem Menschenzoo war mir total egal, dass es mir nicht gelungen war, das Problem der wilden Zahlen zu lösen; es bedeutete mir ebenso wenig wie meine Erfolge auf anderen Gebieten. Was zählte, war der Hochgenuss, den es mir bereitete, mich mit der Mathematik zu beschäftigen. Die Mathematik war für mich wie Wasser, die einzige klare und erfrischende Substanz in diesem Schmutz, die einzige Substanz, die nicht stank. Denn, oh Gott, Isaac, der Gestank, der dort herrschte, ist unbeschreiblich.» Er rieb sich die Nase, als müsste er die fürchterlichen Gerüche erneut vertreiben. «Durch die Medikamente, die man mir gab, war ich viel zu benebelt, um etwas Neues zu entwickeln, und ich konnte mich nicht länger als fünf Minuten konzentrieren, doch selbst diese kleinen Schlucke Mathematik waren herrlich und mehr als genug, um meine geistige Gesundheit aufrechtzuerhalten.» Dimitri verstummte. Den Blick starr auf die schuldige Stelle auf der Karte gerichtet, zog er sich in eine unermessliche Tiefe zurück, in einen Teil seiner Seele, den niemand berühren durfte. Ich wagte nicht, ihn zu stören.

«Ich muss mich schämen, Dimitri», sagte ich schließlich. «Meine Probleme kommen mir neben den Dingen, die du durchgemacht hast, so unbedeutend vor.»

«So war es aber nicht gemeint.» Mit einem fröhlichen Lachen schlug er den Atlas zu. «Was ich eigentlich sagen wollte, bevor ich mich von meiner Lebensgeschichte hinreißen ließ, ist aber, dass es einem manchmal hilft, auf eine gewisse Distanz zu seiner Arbeit zu gehen. Glücklicherweise gibt es dafür angenehmere Wege, als sich in eine Nervenheilanstalt einweisen zu lassen.»

«Zum Beispiel?», fragte ich erleichtert, dass wir das Thema Psychiatrie auf sich beruhen ließen.

«Nun, es ist lediglich ein Vorschlag, aber wie wär's denn, wenn du mal eine Pause einlegen würdest? Jede Wette, dass du dann in einem halben Jahr zurück gerannt kommst, weil du dich geradezu nach der Mathematik sehnst!»

«Du schickst mich also in die Wüste?»

«Isaac! Das müsstest du eigentlich besser wissen.»

Ja, natürlich wusste ich es besser, doch dieses Wissen war nichts im Vergleich zu dem Gefühl, zurückgewiesen zu werden. Ich starrte die Schreibtischkante an und konnte meine Tränen kaum noch zurückhalten.

«Ich muss jetzt leider weg», sagte er. «Wir gehen heute Abend mit unseren Enkeln ins Puppentheater. Doch bevor du gehst, möchte ich, dass du dieses Geschenk von mir annimmst.» Er schob mir den Atlas zu.

«Warum?» Von seiner absurd großzügigen Geste irritiert, versuchte ich, den Atlas wieder zu ihm zurückzuschieben.

«Nimm ihn schon», sagte er. «Ich kann mir immer noch einen anderen besorgen. Vielleicht inspiriert er dich dazu, meinen Vorschlag in Erwägung zu ziehen, statt dich davon nur beleidigt zu fühlen. Es gibt so viel Schönes auf der Welt, das es wert ist, betrachtet zu werden.»

An diesem Abend saß ich zu Hause auf der Couch, den Atlas auf dem Schoß, und blätterte gedankenverloren darin, während die Stimmen mich umkreisten.

«Der große Dimitri Arkanov hat gesprochen. Du wirst aus seinem Palast verbannt.»

«Junge, Junge! Die Welt geht vor die Hunde und der gnädige Herr unternimmt eine Reise, um seine persönlichen Problemchen zu lösen. Ach, du armer Junge, ach, du armer kleiner Isaac.»

«Du solltest dich schämen: sich in Anwesenheit solch eines großen Wissenschaftlers wie ein kleines Kind zu benehmen. Es hätte mich nicht gewundert, wenn er dich ins Puppentheater mitgenommen hätte.»

Ich rekapitulierte das Gespräch mit Dimitri und gelangte zu dem Schluss, dass ich ein in jeder Hinsicht minderwertiges Wesen war, ein obszöner Clown. Mich an das Problem der wilden Zahlen zu wagen! Wenn sogar Dimitri fand, dass er sich überschätzt hatte, als er das Problem untersuchte, wie sollte ich dann meine stümperhaften Versuche noch rechtfertigen?

Dennoch verspürte ich neben der Scham auch eine gewisse Erleichterung. Mit den wilden Zahlen war ich auf dem besten Wege gewesen, mich selbst in den Untergang zu treiben. Dimitri hatte mich gerade noch rechtzeitig aus dem Chaos herausgerissen und zur Ordnung gerufen.

Ich versuchte mir vorzustellen, wie das sein mochte, ein halbes Jahr ohne Mathematik. Wie sollte ich diese Lücke schließen? Ich hatte keine nennenswerten Hobbys, kein gesellschaftliches Leben, in das ich mich stürzen könnte. Mit einigem Widerwillen musste ich zugeben, dass Kate vielleicht doch nicht ganz Unrecht gehabt hatte, als sie mir vorwarf, ich hätte den größten Teil meiner Persönlichkeit vernachlässigt, und als sie behauptete, es sei höchste Zeit, auf – ich musste den üblen Geschmack in meinem Mund hinunterschlucken – «meine Gefühle zu hören». Vielleicht wäre eine Reise zu dem einen oder anderen exotischen Ziel, wie es Dimitri vorgeschwebt hatte, eine gute Möglichkeit, «zu mir selbst zu finden» – oder was auch immer Reisende suchten. Ich blätterte nun mit neu erwachtem Interesse im Atlas. Als ich die Karte von China betrachtete, wurde meine Aufmerksamkeit von der Turfansenke, einem dunkelgrünen Fleck nördlich von Tibet, gefesselt. Ich dachte an Dimitris Bemerkung über die Verwendung von Farben in Karten und fragte mich, wie diese Stelle in Wirklichkeit aussehen mochte. Ich suchte andere Gebiete, die unter dem Meeresspiegel liegen: das Gebiet um das Kaspische Meer, den Eyresee in Australien, die Polder in den Niederlanden, die Kattarasenke in Ägypten. Ich hörte bei dem grünen Streifen in Kalifornien auf. Aus meiner Schulzeit wusste ich noch, dass das Death Valley einer der heißesten Orte der Erde ist. Ich bildete mir ein, dass ich ganz unten im Tal stand, sechsundachtzig Meter unter dem Meeresspiegel, und auf die blendend weißen Salzflächen hinaussah, bis zu den gelben Sanddünen in der Ferne, die in der Hitze flimmerten. Weiß und gelb, nicht dunkelgrün – mit Dimitris Worten: der Preis, den wir bezahlen mussten, um zwei Dinge zugleich ausdrücken zu können. Und da sah ich die Lösung.

Ich ließ den Atlas auf der Couch liegen und ging ins Arbeitszimmer. Im Zustand vollkommener Ruhe und höchster Konzentration brachte ich Schritt für Schritt und ohne auch nur im Geringsten zu zögern die Lösung des Problems der wilden Zahlen zu Papier. Ich könnte beim besten Willen nicht sagen, wie genau es geschah, dass eine Senke in Kalifornien zum Schlüssel für meine

Lösung werden konnte. Das Einzige, was ich weiß, ist, dass es so war, womit einmal mehr das Klischee, dass man erst dann etwas findet, wenn man nicht mehr danach sucht, Bestätigung findet.

«Ich kann es nicht glauben», sagte ich, als ich mit dem drei Seiten langen Beweis fertig war. Es gibt – wie Generationen von Mathematikern vor mir vergeblich zu beweisen versucht hatten – in der Tat unendlich viele wilde Zahlen. «Das ist nicht zu glauben.»

Dann geschah etwas Seltsames. Statt in Jubelgeschrei auszubrechen, geriet ich in Panik.

Nachdem ich zu viele Nächte meinen Verstand über seine Grenzen hinausgezwungen und mir bei dem verzweifelten Versuch, einen Durchbruch zu erzwingen, den Kopf an harten Felswänden gestoßen hatte, von Stimmen in meinem Innern bedrängt, die mir zuriefen, was für ein verächtliches Wesen ich doch sei, wollte ich nicht glauben, dass ich einfach so, ohne den geringsten Widerstand, zur Lösung hinaufgeklettert sein sollte. Es war eine Falle, das konnte gar nicht anders sein. Ich ging die Schritte in meiner Beweisführung noch einmal durch und noch einmal und noch ein drittes Mal, ohne den Fehler zu finden, auf den ich gehofft hatte. Zugleich war ein anderer Teil von mir vorausgerannt: Er stand auf dem Gebirgspass, versuchte wieder zu Atem zu kommen und sah, wie die Sonne über einem Land aufging, das noch kein menschliches Auge erblickt hatte, sah, wie ein Tal nach dem anderen in den allerschönsten Farben aufleuchtete. Aber irgendwo musste doch ein Fehler stecken. Es konnte doch nicht wahr sein, dass ich, Isaac Swift, das Problem der wilden Zahlen gelöst hatte.

«Es kann nicht wahr sein. Es kann nicht wahr sein», schluchzte ich, während ich mit der Faust auf den Schreibtisch schlug. «Es kann nicht wahr sein.»
«Willkommen, Herr Professor», sagte eine Stimme. «Willkommen im Land von Vale.»

8

«Ja?», sagte Stan mit matter Stimme.
«Hallo Stan, ich bin's, Isaac.»
«Was ist los? Es ist mitten in der Nacht!»
«Sorry, aber ich wusste nicht, wen ich sonst hätte anrufen können.»
«Es ist Isaac», sagte Stan flüsternd zu Ann, die ich im Hintergrund schimpfen hörte. Dann wandte er sich wieder mir zu: «Was ist los? Bist du krank oder was?»
«Ich weiß nicht genau. Das heißt, ich glaub schon. Ich hab das Gefühl, dass ich verrückt geworden bin.»
«Wovon redest du? Du hast doch hoffentlich keine Drogen genommen?»
«Nein, nein, das ist es nicht, nein.»
«Was um Himmels willen ist es dann?»
«Das kann ich dir am Telefon nicht erklären. Es ist mir entsetzlich peinlich, aber könntest du vielleicht zu mir kommen?»
«Oh Mann!»
Ich schwieg.
«Also gut, bin schon unterwegs. Nichts anstellen in der Zwischenzeit, ja?»

Zwanzig Minuten später stand er vor der Tür. Sogar zu dieser vorgerückten Stunde strahlte er Gesundheit und Lebensglück aus. «Guten Morgen, Isaac.» Er gab mir einen Klaps auf die Schulter und ging weiter ins Wohnzimmer, wo er den Atlas, der noch auf der Couch lag, ein wenig beiseite schob und sich setzte. «So. Zuerst aber eine Tasse Kaffee.»

«Tut mir leid, keiner mehr da. Kann ich dir einen Tee machen? Das heißt, davon ist auch keiner mehr da.»

«Lass nur. Wasser ist auch okay.»

Als ich mit zwei Gläsern Wasser aus der Küche zurückkehrte, betrachtete er im Atlas gerade die Karte von Yukatan, wohin Ann und er ihre Hochzeitsreise machen wollten.

«Also gut», sagte er mit einem trockenen Lächeln, «du meinst also, dass du verrückt geworden bist.»

Der gute Stan. Zu Unrecht hatte ich ihn in letzter Zeit als langweilig und bürgerlich abgehakt. Er war einer jener erquickenden Zeitgenossen, die, einfach indem sie das Zimmer betreten, das Leben weniger kompliziert erscheinen lassen.

«Also erstens höre ich in letzter Zeit Stimmen.» Ich musste mich selbst auch erst wieder davon überzeugen, dass es tatsächlich ein Problem gab.

«Was für Stimmen?»

Ich erzählte ihm von den Streitgesprächen, die ich mit mir selbst geführt hatte.

«Ich bin ja eigentlich kein Experte. Seit meinen Famulaturen habe ich mich nicht mehr mit der Psychologie beschäftigt. Haben diese Stimmen dich denn dazu aufgefordert, etwas zu tun, was du sonst nicht getan hättest?»

«Nein, eigentlich nicht», musste ich nach einigem Nachdenken einräumen.

Stan war nicht gerade beeindruckt. «Jeder redet mal laut vor sich hin, vor allem, wenn man lange allein gewesen ist. Ich erinnere mich noch an die verrückten Selbstgespräche, die ich während meiner Nachtdienste als Famulus geführt habe.»

«Aber das ist noch nicht alles.» Ich krempelte meinen Ärmel hoch. «Schau mal.»

«Toll, ein Arm.»

«Nein, hier!», ich zeigte auf die Kratzer, die kaum noch zu sehen waren. «Das hab ich gestern Abend mit einer Gabel gemacht.»

«Hm», sagte Stan mit gerunzelter Stirn. «Das ist schon ein bisschen merkwürdig. Nicht, dass du dir eine besonders effektive Methode ausgesucht hast, aber du denkst doch hoffentlich nicht etwa an Selbstmord?»

«Nein, ich hatte gehofft, dass mich der Schmerz von der Mathematik ablenken würde.»

«Ein wenig meschugge, aber nicht ganz ohne. Wie hast du in letzter Zeit geschlafen?»

«Zwei, höchstens drei Stunden pro Nacht. Gestern bin ich jedoch am Schreibtisch eingeschlafen und erst nachmittags um vier wach geworden.»

«Okay. Meine Diagnose lautet, dass du viel zu hart gearbeitet und nicht genug geschlafen hast. Ansonsten kommst du mir völlig normal vor, jedenfalls nicht abnormaler als sonst.» Er zog eine Flasche mit Pillen aus der Tasche und stellte sie auf den Couchtisch. «Wenn du abends eine oder zwei nimmst, wirst du herrlich schlafen. Ann nimmt sie auch ab und zu.»

«Nein, Stan, warte. Du begreifst es nicht. Ich hatte auch erst eine unschuldige Erklärung für alle Symptome, genau wie du, das heißt, bis gestern Abend.»

Ich erzählte ihm die ganze Geschichte von den wilden Zahlen.

Stan schüttelte den Kopf. «Dafür brauchst du keinen Arzt. Das musst du einem Mathematiker zeigen.»

«Wenn das nur so wäre. Das hat nichts mehr mit Mathematik zu tun. Es ist etwas rein Psychologisches. Mein Einschätzungsvermögen hat mich völlig im Stich gelassen. Die Lösung kann einfach nicht stimmen.»

«Warum eigentlich nicht? Oder ist das eine dumme Frage?»

«Es kann einfach nicht so sein. Das gibt's nicht.»

«Ja, ja, Isaac, so wie es auch einfach nicht so sein konnte, dass du einen Abschluss *cum laude* hingelegt hast, oder wie es ein riesiger Irrtum war, dass man dir diese Stelle angeboten hat, noch vor deiner Promotion – dabei war es doch die schlechteste Diss aller Zeiten. Ich traue deinen düsteren Prophezeiungen schon lange nicht mehr. Du würdest als Jungfrau sterben, weißt du noch?»

Mit Mühe konnte ich ein Lächeln unterdrücken. «Das hier ist etwas anderes. Das hier ist zu spektakulär. Es ist dasselbe, als wenn du ein Mittel gegen Krebs oder Malaria entdecken würdest. Na ja, vielleicht nicht ganz so spektakulär, aber es geht doch in diese Richtung.»

«Und warum sollte das nicht möglich sein? Hör zu, du legst dich jetzt aufs Ohr und gehst morgen deinen Beweis noch mal durch. Vielleicht entdeckst du dann den Fehler, wenn überhaupt einer drinsteckt. Oder noch besser: Warte noch eine Woche.»

«Das halte ich nicht aus. Jede Minute, in der meine so genannte These bestehen bleibt, ist für mich eine wahre Tortur.»

«Dann leg sie einem Kollegen vor. Warum nicht dem genialen Russen, von dem du schon so oft erzählt hast?»

«Dimitri? Nein, unmöglich. Ich würde mich zutiefst schämen.»

«Dann jemand anderem.»

Das Herz rutschte mir in die Hose. «Es gibt nur noch einen anderen, der sich mit diesem Thema gut genug auskennt: Larry Oberdorfer. Na ja. Er sieht ohnehin schon auf mich herab, viel schaden kann es wohl nicht.»

«Fängst du schon wieder an», sagte Stan lachend. «Was ist denn, wenn deine These tatsächlich stimmt? Oder kannst du als Pessimist dieses Glück nicht ertragen?»

Ich zuckte mit den Schultern.

«Schön. Wem würdest du diese fabelhafte Entdeckung denn lieber zeigen: Dimitri, den du magst, den du respektierst und dem du vertraust, oder diesem Larry Oberdorfer, zu dem du offensichtlich ein gestörtes Verhältnis hast?»

Ich schüttelte den Kopf. «Das hört sich alles so einfach an.»

«Weißt du, Isaac, dein Problem ist jedesmal, dass du das Glück nicht erkennst, auch wenn es dir ins Gesicht lacht. Höchstwahrscheinlich hast du gerade eine bedeutsame These aufgestellt. Statt mich mitten in der Nacht anzurufen, um mit Champagner darauf anzustoßen, jagst du mir hier einen Riesenschreck ein mit diesem Blödsinn, dass du den Verstand verloren hast.»

«Tut mir leid, Stan.»

«Ach, immerhin mal was anderes als ein dreifacher Bypass.»
Wie früher schon so oft, hatte Stan auch dieses Mal meine Probleme auf das normale Maß zurechtgestutzt. Als ich ihn zur Tür brachte, überhäufte ich ihn mit Dankesworten.
«Geht in Ordnung», sagte er, «jetzt aber mal was anderes: Wir haben für nächste Woche Freitag ein paar Leute zum Grillen eingeladen. Ann lässt fragen, ob du auch kommen willst, allerdings nur unter der Bedingung, dass du keinen Schaum vor dem Mund hast.»
«Das kann ich nicht garantieren», sagte ich lachend. «Man weiß nie, was noch alles passieren kann.»
«Die frische Luft wird dir gut tun. Und ich kann dir schon mal verraten, dass wir das Fleisch zu einem Freundschaftspreis kriegen, von einem dankbaren Patienten, der sonst nur Restaurants beliefert.»

Es ist mittlerweile acht Tage her, dass ich mit zitternden Knien zur Uni geradelt bin, um Dimitri meinen Beweis zu zeigen.
Ich saß in meinem Büro, im Nebenzimmer hörte ich Angela mit einem Assistenten die Prüfungsergebnisse besprechen. Dankbar machte ich von der Gelegenheit Gebrauch, meinen Besuch bei Dimitri noch ein wenig hinauszuzögern, und fragte sie, wie die Studenten dieses Jahr abgeschnitten hätten.
«Nicht schlecht», sagte sie.
Peter Wong mit 100%, wie erwartet. Sebastian O'Grady mit 97%, ein guter Zweier. Dave Graham leider, leider nur mit 46%. Als mir keine Namen mehr einfielen, nach

denen ich mich erkundigen konnte, und ich gerade weitergehen wollte, bat Angela mich um einen Gefallen. Ihre Tochter Sarah trete nächste Woche Freitag in einer Theater-AG in *A Midsummer Night's Dream* auf. Ob ich ihre Viertelstunde mit Vale übernehmen könne? «In Ordnung.» Er war der Letzte, an den ich in diesem Augenblick erinnert werden wollte. Ich war schon nervös genug.

«Zuerst wollte ich Dimitri darum bitten», sagte sie entschuldigend, «aber andauernd belästigt ihn jeder mit irgendwelchen Lappalien und der arme Mann ist einfach zu nett, um Nein zu sagen.»

Während ich den Gang hinunterging, dachte ich über Angelas letzte Bemerkung nach. In der Tat: Ich durfte dem armen Mann nicht noch mehr Arbeit aufhalsen. Also doch lieber Larrys Hohn riskieren? Als ich jedoch hinter dessen geschlossener Tür das Kichern einer Frau hörte, ging ich schnell weiter zum Ende des Gangs. Für einen Augenblick hoffte ich, dass Dimitri nicht da sein würde. Vergeblich, natürlich. Nur eine nukleare Katastrophe könnte ihn vom Campus fernhalten.

Mein Besuch muss ihm äußerst befremdlich vorgekommen sein. Gestern hatte er mir noch geraten, Sonderurlaub zu nehmen, da er davon ausgegangen war, dass ich keine Ideen mehr hatte. Jetzt tauchte ich auf einmal mit einem Ergebnis auf. Vorweg erklärte ich ihm, es stehe inzwischen so schlecht um mich, dass ich nicht mehr richtig und falsch unterscheiden könne; daher hätte ich mir in der vergangenen Nacht eingebildet, das Unmögliche bewiesen zu haben. Ich bat ihn, mir so schnell wie möglich die Augen zu öffnen.

«Na, dann wollen wir mal sehen», sagte Dimitri, als wäre er ein Hausarzt, der einen Patienten untersuchen wollte. Ich drückte ihm das Ergebnis meiner Nachtwache in die Hand. Er zog die Büroklammer ab und breitete die drei Blätter vor sich auf den Schreibtisch aus. «‹These: Die Menge der wilden Zahlen ist unendlich›», las er die erste Zeile vor. «Mein Gott, Isaac, warum hast du mir nicht erzählt, dass du daran gearbeitet hast?»

«Tut mir leid, aber ich habe mich zu sehr geschämt. Ich habe an etwas herumgemurkst, von dem ich selbst kaum eine Ahnung habe, und jetzt ist es total außer Kontrolle geraten.»

Kopfschüttelnd machte Dimitri sich an die Lektüre meines Beweises. Sein Blick schweifte scheinbar willkürlich über die Seiten. Für einen Außenstehenden mochte es so aussehen, als läse er nur oberflächlich; aber das zeugte nur von seiner Genialität. Er hatte die seltene Fähigkeit, ein komplexes Ideensystem auf einen Blick zu erfassen.

«Seltsam.» Er stand auf und ging zum Fenster.

«Was findest du seltsam?»

Dimitri schaute weiter nach draußen, auf die große Wiese. Mathematiker haben die Angewohnheit, bei Gesprächen eine Stille eintreten zu lassen. «Selbst wenn man Isaac einfach nur fragt: ‹Wie geht's?›», hatte Kate einmal gegenüber Gästen gescherzt, «dann kostet es ihn ein paar Minuten, bevor er sich dazu durchringen kann, mit einem ‹Gut› zu antworten.» Doch dass eine solche Gesprächspause zehn Minuten in Anspruch nahm, hatte ich bisher noch nicht erlebt.

«Also los, Isaac», sagte er schließlich. Er setzte sich

wieder hin und krempelte die Ärmel hoch. «Wir werden das hier Schritt für Schritt durchgehen müssen.»

«Was bedeutet das? Hast du eine Ahnung, wo der Fehler steckt?»

Ohne auf die Frage einzugehen, nahm er einen Bleistift, den er äußerst sorgfältig spitzte, so dass schließlich ein einziger langer Holzspan in den Papierkorb fiel. Als er den Bleistift über den Seiten in Anschlag brachte, wurde sein Blick streng. Wie ein Adler schwebte er hoch über der mathematischen Landschaft, bereit zu einem Sturzflug, mit dem er den Fehler in meiner Beweisführung attackieren würde.

«‹Definiere das Kriterium für Pseudo-Wildheit folgendermaßen›», murmelte er.

«Über meine Terminologie lässt sich natürlich streiten», beeilte ich mich zu sagen.

«Ja, ja», sagte er leicht verärgert. «‹Es ist evident, dass es unendlich viele potentielle pseudo-wilde Mengen gibt.› Kannst du das näher erläutern?»

Ohne allzu große Mühe erklärte ich ihm die Argumentation, die diesem Schritt zugrunde lag.

«Immer mit der Ruhe, Isaac. Nicht so schnell. Du verwendest Wörter wie ‹selbstverständlich› und ‹natürlich›. Hältst du diese Begriffe in diesem Zusammenhang für richtig?»

«Willst du damit sagen, dass der Schritt falsch ist?»

«Nein. Ich will damit sagen, dass er subtiler ist, als du denkst.» Auf einem Blatt Papier zeigte er mir, wie leicht ein Leser auf eine verkehrte Fährte gelockt werden konnte und dass weitere Spezifizierungen erforderlich waren, um Missverständnisse zu vermeiden.

Ich war in der Hoffnung zu Dimitri gekommen, er könnte meine These schnell und schmerzlos von ihrem Leiden erlösen. Dennoch war ich erleichtert – und auch ein wenig erregt –, dass die ersten Schritte seine strenge Prüfung glänzend überstanden hatten.

«Ich sehe, dass du meine neue Technik der K-Reduzibilität angewandt hast, um die Eigenschaften von pW zu ermitteln», fuhr er fort.

Ich schluckte hörbar.

«Interessant», lautete Dimitris einziger Kommentar. «Und dann analysierst du mit Hilfe einer geeigneten Kalibratormenge die so genannten pseudo-wilden Mengen; jedenfalls behauptest du, dass das im Prinzip möglich ist.» Er sah mich mit seinem durchdringenden Adlerblick an.

Da war er also, der falsche Schritt in meiner Beweisführung; ich wusste es genau.

«Tut mir leid. Du hast völlig Recht: Ich kann diese Behauptung nicht beweisen.»

«Aber sicher kannst du das und das hast du ja auch getan, wenn auch nur in groben Zügen.» Er zeigte mir, wie ich zu dem nächstfolgenden Schritt gekommen war.

Und so ging unsere Diskussion weiter, streng nach demselben Muster: Erst unterzog Dimitri den Schritt einem gnadenlosen Kreuzverhör, um die Sache anschließend, wenn meine Verteidigung nicht ausreichend war, zu retten, indem er die richtige Begründung, die in ihr versteckt war, ans Licht zauberte.

Mein Geistesblitz der vergangenen Nacht erwies sich als folgenreicher, als ich zu hoffen gewagt hatte oder als ich selbst begreifen konnte. Damit stellte sich für mich die Frage, ob ich die Lösung des Problems der wilden Zahlen überhaupt als meine Entdeckung betrachten durfte. Vielleicht war es zutreffender zu sagen, dass die Lösung schon immer da gewesen war und die ganzen Jahre über auf ihrem Territorium gewartet hatte, bis jemand mit der genau richtigen Geisteshaltung auftauchte, dem sie sich offenbaren konnte. Nun wurde ich Zeuge einer Begegnung zwischen zwei eindrucksvollen Größen: zwischen Dimitri und etwas, das immer mehr einer authentischen Wahrheit ähnelte. Manchmal kam ich mir ausgeschlossen vor, manchmal war ich sogar eifersüchtig wie jemand, der zwei Freunde einander vorstellt und plötzlich überflüssig wird, als sich zeigt, dass sie sich ausgezeichnet verstehen.

Stunden verstrichen. Immer wieder sprang Dimitri von seinem Stuhl auf, um im Büro auf und ab zu gehen und mit dem Neuankömmling leidenschaftlich zu diskutieren. Mich beachtete er immer weniger.

Um sechs Uhr wurde an die Tür geklopft. Orville, der Hausmeister, kündigte an, er werde gleich abschließen. Als Dimitri ihn davon überzeugt hatte, dass wir möglicherweise an einem Meilenstein in der Geschichte der Mathematik arbeiteten, gab er uns einen Reserveschlüssel für den Nebeneingang.

Kurz nach sieben Uhr rief Dimitris Frau an. Man brauchte kein Russisch zu können, um zu verstehen, worüber sie sprachen. «Irina denkt immer, dass ich zu viel arbeite», brummte er, nachdem er aufgelegt hatte. «Wo waren wir stehen geblieben?» Das Einzige, was ich schließlich noch wusste, war, dass ich im Dunkeln saß. Ich konnte Dimitris Silhouette kaum noch erkennen, während er vor sich hin murmelnd im Zimmer auf und ab ging. Außer einem trockenen Keks zum Tee hatte ich den ganzen Tag noch nichts gegessen und ich rutschte auf meinem Stuhl hin und her, um meinen knurrenden Magen einigermaßen in Zaum zu halten. Dimitri hatte anscheinend keinerlei Probleme in dieser Hinsicht und setzte sein Verhör mit unverminderter Energie fort. Nachdem «wir» noch einmal alle Schritte durchgesprochen hatten, machte er endlich Licht, ging zurück zum Schreibtisch und legte den Bleistift unter die letzte Zeile meines Beweises.

Was dann geschah, werde ich bis zum Ende meiner Tage nicht mehr vergessen. Mit einem seltsam leeren Gesichtsausdruck ging Dimitri zum Bücherschrank und nahm eine Flasche Kognak vom obersten Regalbrett. Als er sich zu mir umdrehte, standen ihm Tränen in den Augen.

«Isaac, du hast es geschafft», flüsterte er. Er schenkte zwei Gläser voll und bedeutete mir, aufzustehen. «Nach all den Jahren hatte ich das ganze Problem für mich ad acta gelegt. Die Lösung hätte ebenso gut noch ein oder zwei Jahrhunderte auf sich warten lassen können. Dass ich diesen glorreichen Augenblick noch erleben darf!»

Wir brachten einen Toast auf die Geburt der Wilde-Zahlen-These aus.

Dimitri zog ein Taschentuch aus der Brusttasche und trocknete sich die Augen.

«Es ist so schön. So unglaublich schön. Selten habe ich einen dermaßen eleganten Pfad gesehen, der sich in solch Schwindel erregende Höhen hinaufschlängelt.»

«Schwindel erregend» war auch die Wirkung, die der

Alkohol auf mich ausübte. Während sich Dimitri in einer Art Freudentanz in alle Richtungen drehte und seine Arme immer wieder in die Höhe warf, hielt ich es für vernünftiger, mich wieder hinzusetzen.

«Wie hast du das gemacht, Isaac? Wie nur?»

Ich erzählte ihm vom Atlas und von den Gebieten unter dem Meeresspiegel und wie sie auf die eine oder andere Weise einen Geistesblitz ausgelöst hatten.

«Unglaublich. Unglaublich. Wenn man bedenkt, dass ich dir den Atlas eigentlich gegeben habe, damit du die Mathematik für eine Weile vergisst!»

Ich fragte ihn, wann er die Überzeugung gewonnen habe, dass meine These richtig sei.

«Sofort», sagte er. «Und das hat mich erschreckt. Es war zu schön, um wahr zu sein, darum habe ich den ganzen Tag gebraucht, mich davon zu überzeugen, dass mein erster Eindruck richtig war. Meine Zweifel hatten aber auch etwas mit deiner Düsterkeit in den letzten Monaten zu tun. Auf etwas derart Schönes war ich überhaupt nicht vorbereitet.»

«Mich hat es auch überfallen.»

«So geht einem das oft mit der Inspiration. Das hier sieht aus, als wäre es im Rausch niedergeschrieben, ohne auf die unter uns Rücksicht zu nehmen, die etwas langsamer von Begriff sind. Was du mir gezeigt hast, Isaac, ist das reinste, stärkste Beispiel mathematischer Intuition, dem ich in vielen Jahren begegnet bin, vielleicht sogar in meinem ganzen Leben.»

«Vielleicht habe ich einfach nur Glück gehabt», relativierte ich, von so vielen Komplimenten ganz verwirrt.

«So wie das Gespräch heute gelaufen ist, könnte man

meinen, dass ich nicht daran beteiligt war. Mir ist noch nicht klar, was ich eigentlich angestellt habe.»

«Sei nicht allzu bescheiden. Auch wenn die Intuition ein Geschenk des Himmels ist, stellt es doch eine Kunst dar, ihr Geflüster aus dem Lärm der alltäglichen Gedanken herauszufiltern. Und wenn du die Details deines Beweises publikationsreif machst, wirst du sehen, dass du mehr davon verstehst, als du denkst.»

«Publikation?» Es war lange her, dass ich dieses magische Wort gehört hatte.

«Natürlich, Isaac. Du musst das so schnell wie möglich an *Number* schicken. Ich werde den Chefredakteur, Daniel Goldstein, anrufen. Ich bin mir sicher, dass er deinem Artikel Vorrang einräumt. Mit etwas Glück kommt er noch rechtzeitig für die August-Nummer. Jetzt trink dein Glas aus. Ich lade dich zum Essen ein!»

Die Tage sind geradezu vorübergeflogen seit jenem denkwürdigen Moment in Dimitris Büro, obwohl die Ausarbeitung der Details in meiner Beweisführung nicht ganz leicht war. In der Nacht, in der ich plötzlich die Lösung gefunden hatte, war ich wie eine Bergziege über schwieriges Gelände gelaufen. Furchtlos war ich über gefährliche Spalten in unserem heutigen zahlentheoretischen Wissen gesprungen und hatte auf schmalen Argumentationsgraten mein Gleichgewicht zu wahren verstanden. Letzte Woche musste ich denselben Weg noch einmal zurücklegen, dieses Mal aber mit dem ganzen Gewicht des mathematischen Rüstzeugs, das für eine methodisch fundierte Lösung erforderlich ist. Dann und wann überfielen mich noch Zweifel; nach stundenlanger tiefer Konzentration oder einem Telefongespräch mit Dimitri, wenn ich auf einmal tatsächlich nicht mehr weiter wusste, konnte ich jedoch fortfahren. Es war eine wahre Schufterei – das ist in der Mathematik meistens so –, statt aber bei jedem Hindernis mahnende Stimmen zu hören, wurde ich dieses Mal von gedämpfter Freude angetrieben. Im vollsten Vertrauen, dass das Ziel zum Greifen nah sei, war ich an den letzten Abenden so vernünftig gewesen, gegen zehn Uhr aufzuhören und eine oder zwei von den Schlaftabletten zu nehmen, die Stan mir gegeben hatte.

Heute Morgen war es dann so weit: Ich ging wieder zu Dimitri, um mit ihm den von mir ausgearbeiteten Beweis durchzusprechen. Meine letzten Zweifel verdampften in der Wärme seiner Begeisterung und nichts stand unserem Vorhaben, den Artikel der *Number* zuzuschicken, mehr im Weg, d. h. bis Herr Vale auftauchte, um mich an die freitägliche Viertelstunde zu erinnern, die ich dieses Mal von Angela übernommen hatte.

Erst als es bereits zu spät war, erst als er meinen Artikel auf Dimitris Schreibtisch erblickt und vor Wut zu beben begonnen hatte, kam mir der Gedanke, sein gestörter Geist könnte zu einem Trugschluss gelangen: dass ich ein Plagiat begangen haben könnte.

Der Zwischenfall in Dimitris Büro war äußerst unangenehm und hätte vermieden werden müssen. Doch was machte es letztendlich aus? Meine Wilde-Zahlen-These war inzwischen auf dem Weg zur *Number*, und Herr Vale konnte nichts mehr daran ändern.

Jetzt saß ich auf meinem Balkon, vor mir ein Bier, und genoss die Aussicht auf die Stadt. Ein perfekter Sommerabend, wie gemacht, einen perfekten Sommertag zu beschließen. Fünf plus drei war gleich acht wie zuvor: Dimitri hatte grünes Licht gegeben, und mein Artikel war auf dem Weg zur *Number*. Nun brauchte ich mich nur noch zu entspannen und auf den Augenblick zu freuen, in dem die Nachricht von meiner Entdeckung nicht nur in Mathematikerkreisen, sondern auch weit darüber hinaus für Aufregung sorgen würde. In der Ferne blinkten die weißen und roten Strahler des Fernsehturms – an, aus, an, aus –, während drinnen das Telefon zu läuten begonnen hatte. Bestimmt wieder Herr Vale. Ich genoss das Läuten, das zu dem ohnehin komplexen Muster der blinkenden Strahler gleichsam noch eine akustische Variable hinzufügte. Ich gähnte zufrieden und legte meine Füße auf das Geländer.

Muster. Ja, die Mathematik war die Liebe zu Mustern. Wenn ich auf die letzten Wochen zurückblickte, stimmte alles: die Wohnung nicht zu verlassen, die ganze Nacht aufzubleiben und kaum etwas zu essen, sogar das laute Vormichhinreden und der Schmerz, den ich mir zugefügt hatte, indem ich mir mit einer Gabel die Haut aufkratzte – all dies waren unerlässliche Schritte auf dem Weg zur tiefsten und schönsten mathematischen Entdeckung meines Lebens gewesen. Es stimmte, dass ich kurz davor gestanden hatte, verrückt zu werden; das Niederreißen der Barrieren in meinem Denken hatte meinen Verstand verwirrt. Doch im Nachhinein zeigte sich, dass die Wahrheit die ganze Zeit über mein Führer gewesen war – seit dem Tag, an dem mir Herr Vale seine Lösung aufgetischt hatte, in den Wochen tiefster Verzweiflung, die sich daran angeschlossen hatten, bis hin zu dem Augenblick, als ich im Atlas blätterte und die Wahrheit sich mir in ihrer ganzen Pracht offenbarte. Gott allein weiß, wie tief ich gefallen wäre, wenn ich diesen Geistesblitz nicht gehabt hätte. Bei diesem Gedanken überlief es mich eiskalt.

Das Läuten verstummte. Von dem Geräusch befreit, wurde ich auf meinem Balkon gleichsam in die Höhe gehoben, um kurz über den Baumwipfeln im Park zu schweben, bevor ich weiter über die Stadt in Richtung der hypnotisierenden Blitze trieb, die vom Fernsehturm am Horizont ausgingen:

... rot, weiß, rot, weiß, rot-weiß, weiß ...
prrrrr!

Das war wieder der gute alte Herr Vale.

... rot, weiß, rot-weiß, weiß, rot ...
prrrrrrr!

Im Rhythmus der Strahler und des nun wieder neu einsetzenden Telefonläutens breitete sich das Muster immer weiter aus. Im Licht meiner Lösung zerfiel nicht nur die letzte Zeit, sondern mein ganzes Leben in ein wunderschönes geometrisches Muster. Kräftige Linien und schwungvolle Kurven aus allen erdenklichen Dimensionen meiner Vergangenheit konvergierten zu diesem einen glücklichen Augenblick auf meinem Balkon; die vielen Stunden, die ich als Kind in meinem Zimmer verbracht hatte, als ich mir sorglos Einer gemerkt, mich in das Reich der negativen Zahlen hinabgelassen oder die Unendlichkeit zu begreifen versucht hatte: All diese Erfahrungen hatten mir den Weg zu meiner Entdeckung gebahnt ...

weiß-rot, weiß rot, prrrrrr!

... aber auch meine Mathekater, die einsamen Stunden, in denen ich mir fieberhaft Formeln ausgedacht hatte, um die fröhlichen Stimmen meiner Altersgenossen zu vergessen, die draußen gespielt hatten; auch die Auseinandersetzungen zwischen meinen Eltern, der Auszug meines Vaters und die Vorliebe meiner Mutter für meinen Bruder Andrew: An diesem schwülen Sommerabend, im Licht der wilden Zahlen, passten der Schmerz und der Kummer meiner Vergangenheit nicht nur in das Muster, nein, sie verliehen ihm sogar Tiefe.

weiß, rot, prrrrr! weiß rot ...

... und zum ersten Mal, seit Kate und ich uns getrennt hatten, war ich frei genug, mir in Erinnerung zu rufen, was sie mir wirklich bedeutet hatte, frei genug, Kummer darüber zu empfinden, dass es mit uns nicht geklappt hatte. Wir waren einander zu früh begegnet. So einfach war das. Meine größte Leidenschaft, meine Liebe zur Mathematik, hatte sich noch nicht zu einem Erfolg herauskristallisiert; mein Einheitselement war, um mit Peter Wong zu reden, nicht präzise genug definiert gewesen, um mein Leben mit einer Frau zu teilen.

Das Telefon war verstummt und wieder trieb ich in Gedanken weit von meinem Balkon weg. Ich gestikulierte mit den Händen in der Luft herum, um mir Kates tolle Kurven vorzustellen. All meine Sinne prickelten bei der Erinnerung. Ich änderte das Muster, das ich in die Luft malte, und zauberte damit eine Unbekannte aus der Dunkelheit hervor. Ich genoss die Freiheit, verliebt zu sein, ohne zu wissen, in wen, in vollen Zügen und veränderte erneut das Muster und es entstand wieder eine andere Frau ... Eines stand für mich jedoch felsenfest: Nun, da ich das Problem der wilden Zahlen gelöst hatte, war ich bereit für die Liebe. Endlich war ich mir sicher. Im Gegensatz zu dem, was Kate immer behauptet hatte, im Gegensatz zu meiner eigenen Angst, dass die Mathematik eine Flucht war, eine Flucht in eine abstrakte Ordnung, um dem Chaos meiner Gefühle zu entkommen, waren die Mathematik und die Liebe zwei Ausdrucksformen ein und derselben Leidenschaft: der Leidenschaft für Muster, für Rhythmus und Form, für Musik und Mysterium, für Harmonie und Schönheit. Ich angelte eine weitere Dose Bier unter meinem Stuhl hervor und lehnte mich zufrieden zurück. Eine Leidenschaft für das Leben an sich.

rot, weiß, rot-weiß

Aus irgendeinem Grund hatte der Rhythmus seine Wirkung verloren, er hatte nicht mehr die Kraft, das Gewicht meiner exaltierten Betrachtungen länger zu tragen. Ich sah mich um und fragte mich, wieso es so lange still blieb. Ich wartete geduldig ab, doch offenbar hatte Herr Vale die Hoffnung endlich aufgegeben. Vergeblich versuchte ich, die Lücken im Muster zu ergänzen, indem ich mir vorstellte, dass das Telefon wieder angefangen habe zu läuten. Der arme Herr Vale. Nun, da die Stille anhielt, empfand ich leichte Schuldgefühle, ihn seinem Schicksal überlassen zu haben. Ich war so sehr von dem Gedanken besessen gewesen, ich könnte genauso werden wie er, dass ich darüber vergessen hatte, dass auch er ein Mensch war mit seinen eigenen – wenn auch gestörten – Gefühlen, was aber noch lange nicht bedeutete, dass ich sie einfach so beiseite schieben konnte. Die Stille hatte jetzt etwas Unheilverkündendes. Was mochte er nun wohl tun? Ich erwog, die Telefonnummer seiner Schwester herauszusuchen, um sie anzurufen, es war inzwischen jedoch schon nach elf Uhr. Freundliche Gesten würden bis morgen warten müssen. Nicht dass ich wusste, worin diese Gesten bestehen sollten. Wenn er noch nicht einmal den Unterschied zwischen meinem Beweis und seinem sah, wie sollte ich ihn dann von meiner Unschuld überzeugen? Vielleicht könnte ein Scheingeständnis seinen gestörten Geist einigermaßen beruhigen. Dimitri könnte uns zu sich rufen lassen, um mir mit viel Theater offiziell einen Tadel zu erteilen. Im August aber würde Herr Vale ohne Zweifel meinen Artikel in der *Number* finden. Er hatte diese Zeitschrift abonniert und pflegte die jeweils erste freitägliche Viertelstunde nach dem Erscheinen einer neuen Ausgabe darauf zu verwenden, deren gesamten Inhalt zu widerlegen. Vielleicht sollte ich meinen Artikel lieber unter einem Pseudonym publizieren. Doch meine wahre Identität zu verbergen, nur um Leonard Vale zu schonen in einem Augenblick, in dem der Erfolg zum Greifen nah war, ging mir dann doch zu weit. Der arme Herr Vale. Das Mindeste, was ich ihm morgen Nachmittag bieten konnte, war eine gewisse Portion Mitgefühl. Ansonsten konnte ich nur hoffen, dass Dimitri sich etwas hatte einfallen lassen – was ja meistens der Fall war. Ich wollte keinen weiteren Gedanken darauf verschwenden und versuchte jetzt wieder, mich in den Rhythmus der Lichtblitze einzufinden, die vom Fernsehturm kamen. Aber der Zauber, der über dem Abend gelegen hatte, war verschwunden. Ich trank die Dose aus und ging ins Zimmer.

9

A<small>M NÄCHSTEN TAG KAM ICH</small> um halb drei auf den Campus, eine halbe Stunde vor meiner Verabredung mit Herrn Vale. Ich hatte beschlossen, Dimitri nicht mit der Frage zu behelligen, wie ich mich bei seinem nächsten Besuch verhalten solle. Dieses Problem musste ich doch allein lösen können. Was auch passiert, bleibe freundlich und höflich, befahl ich mir selbst. Warte einfach ab, wie es sich entwickelt. Um die Zeit zu überbrücken, las ich meinen Beweis noch einmal durch. Auch jetzt war die Lektüre wieder ein wahrer Genuss. Wie Dimitri gesagt hatte, führte er geradewegs ins Hochland der Zahlentheorie; er hellte nicht nur das Mysterium der wilden Zahlen auf, sondern lieferte darüber hinaus genug Stoff für künftige Forschungsvorhaben. Und wenn ich jemals wieder in eine Sackgasse geraten würde, bräuchte ich nur an diese eine Entdeckung zu denken, die meine Entscheidung, Mathematiker zu werden, ein für allemal rechtfertigen würde. Damit hatte ich nicht nur meinen qualvollen Erinnerungen, sondern auch möglichem künftigem Kummer den Boden entzogen. Um Viertel vor drei warf ich noch einen letzten, liebevollen Blick auf meinen Beweis, bevor ich ihn endgültig in einer Schreibtischschublade deponierte. Ich wollte Herrn Vale nicht unnötig provozieren.

Ich machte auf meinem Stuhl eine halbe Drehung, um aus dem Fenster sehen zu können. Auf der Wiese spielten einige Studenten Fußball. Heute war der bisher wärmste Tag in diesem Jahr und ihre entblößten Oberkörper glänzten vor Schweiß. Die Studenten spielten lässig und ohne übertriebenen Ehrgeiz. Als der Ball ins Aus rollte, dauerte es eine Weile, bis sich jemand bereit fand, ihn zu holen. Unterdessen wurde eine Flasche Cola unter einem Kleiderstapel hervorgezogen und in der durstigen Gruppe herumgereicht.

Ich warf einen Blick auf meine Armbanduhr. Fünf vor drei. Da ich es für besser hielt, beschäftigt zu wirken, wenn Vale hereinkam, rollte ich mit dem Stuhl zum Aktenschrank, um einen Papierstapel aus der obersten Schublade zu holen. Dieser Stapel war das Resultat meiner Bemühungen im vergangenen Jahr, soll heißen, in der uninspirierten Periode vor dem Zeitpunkt, an dem die wilden Zahlen in mein Leben getreten waren. Ich rollte zurück an meinen Schreibtisch und machte mich daran, den Stapel aufzuarbeiten. Umständlich knüllte ich ein Blatt Papier nach dem anderen zusammen und warf es anschließend in einem anmutigen Bogen in den Papierkorb. Zwischen meinen Notizen über die Kalibratormengen stieß ich auf Vales Lösung des Problems der wilden Zahlen. Sein Besuch hatte mich damals derart eingeschüchtert, dass ich seine Aufzeichnungen weggelegt hatte, ohne sie mir näher anzuschauen. Nun amüsierte ich mich köstlich über die hirnverbrannten Formeln, die er mit Erläuterungen im Stile von «Wilde Zahlen sind die

Trümmer des Zusammenstoßes zwischen Ordnung und Chaos» oder «Psyche ist gleich Energie mal Vale-Konstante im Quadrat» versehen hatte. Sein «Beweis» hatte sich in ein Dokument von historischer Bedeutung verwandelt, da er den Ausgangspunkt für meine Entdeckungsreise in das Gebiet der wilden Zahlen darstellte. Ich zog eine Schreibtischschublade heraus und schob die Aufzeichnungen unter meinen eigenen Beweis. Wenn das Gespräch mit Herrn Vale positiv verlaufen würde, könnte ich ja beide Beweise hervorholen, um, wie unter guten Freunden üblich, unsere gediegenen Arbeiten miteinander zu vergleichen.

Das Geräusch von Schritten auf dem Gang ließ mich zusammenfahren. Rasch schob ich die Schublade zu und setzte mich, bereit, Herrn Vale zu empfangen, kerzengerade hin. Die Schritte gingen an meiner Tür vorbei und ich hörte jemanden mit Schlüsseln hantieren. Es war nur Larry.

Als ich wieder zum Fenster hinaussah, entdeckte ich meinen angekündigten Besucher auf der anderen Seite der großen Wiese. Heute lag etwas außergewöhnlich Energisches in seinen Bewegungen. Männer in Anzügen sehen ja ohnehin zielstrebig aus, außerdem beschleunigte er, da er ein wenig spät dran war, ab und zu seine Schritte; aber da war noch etwas anderes, etwas, das ich nicht einordnen konnte: Er steuerte auf die Fußball spielenden Studenten zu. Anstatt abzubiegen, ging er geradewegs durch eines der beiden Tore, die durch je zwei Kleiderstapel angedeutet wurden, und betrat das Spielfeld. Die Spieler rissen vor Staunen Mund und Augen auf und blieben stehen. Dann umdribbelte einer von ihnen mit dem Ball am

Fuß zum Spaß den Eindringling, als handelte es sich um einen Gegenspieler. Vale ignorierte ihn jedoch und verließ, den Blick starr nach vorn gerichtet, das Spielfeld durch das andere Tor. Die Studenten tippten sich an die Stirn, zuckten mit den Schultern und spielten weiter. Als Leonard Vale unterhalb meines Fensters vorbeigegangen und anschließend in Richtung Haupteingang von der Bildfläche verschwunden war, wurde mir klar, was ihn heute so anders erscheinen ließ: Zur Abwechslung schleppte er seine kolossale Tasche mal nicht mit sich herum. Sei nett zu ihm, befahl ich mir nochmals. Bleibe höflich, egal was auch passiert.

Kurz darauf hörte ich seine Schritte auf dem Gang. Ohne anzuklopfen, trat er ein.

Ich stand auf, um ihn zu begrüßen. «Guten Tag, Herr Vale.»

Keuchend und mit hochrotem Gesicht kam er näher. Unter den Achseln seiner Anzugjacke hatten sich zwei große Schweißflecken gebildet.

«Nehmen Sie Platz», sagte ich. «Möchten Sie vielleicht etwas trinken?»

Mit dem Fuß schob er den Stuhl, den ich ihm angeboten hatte, zur Seite. «Verräter!» Sein entschiedener Ton ließ wenig Spielraum für eine Diskussion. Es würde kein einfacher Besuch werden.

«Sehr bedauerlich, dass Sie so darüber denken», hob ich behutsam an, «wenn wir erst einmal ...»

Bevor ich weiterreden konnte, war er auf den Stuhl geklettert.

Ich wich zurück. «Kommen Sie sofort herunter!»

«Verräter!» Er sprang auf meinen Schreibtisch, der unter seinem Gewicht Unheil verkündend knarrte, und trat mit dem Fuß gegen den Papierstapel, so dass sämtliche Blätter in alle Richtungen auseinanderstoben.

«Herr Vale! Ich bitte Sie!»

«Verräter!»

Er sprang auf mich herunter. Durch die Wucht des Aufpralls wurde ich in den Stuhl gedrückt, der ins Rollen kam, so dass wir uns plötzlich am Fenster befanden. Während Vale mich auf die Sitzfläche niederdrückte, stieg mir sein penetranter Schweißgeruch in die Nase. Zappelnd suchten meine Füße auf dem Boden Halt, doch jedesmal, wenn ich mein Gewicht nach vorn verlagerte, rollte der Stuhl wieder gegen das Fenster zurück. Die Scheibe zitterte und bebte wie ein Bullauge im Sturm. Die Kiefer zusammengepresst, in den Augen reine Mordlust, legte mir Herr Vale die Hände um den Hals. Das Blut begann in meinem Kopf zu klopfen, ein roter Schleier legte sich mir über die Augen. Das war das Ende. Nein. Das war doch nicht möglich. Das durfte doch nicht wahr sein. Nicht jetzt, da ich das Problem der wilden Zahlen gelöst hatte. Herr Vale würgte mich fester und drückte mit seinen Daumen gegen meinen Adamsapfel.

Nein. NEIN! Mit letzter Kraft rammte ich ihm meinen Ellbogen in den Bauch. Prustend ließ er mich los und taumelte, mit den Armen rudernd, um das Gleichgewicht zu wahren, nach hinten. Gierig japste ich nach Luft. Meine Lungen wollten mehr, doch ich durfte keine Zeit verlieren. Ich musste zusehen, dass ich mich aus dem schmalen Zwischenraum zwischen Stuhl und Fenster befreite. Ich ergriff meinen Stuhl an der Rückenlehne und stieß ihn so fest ich konnte gegen meinen Widersacher. Die

Wut hatte ihm jedoch übermenschliche Kräfte verliehen und mit einer kraftvollen Drehbewegung schleuderte er mich samt Stuhl zurück. Ich geriet ins Stolpern und fiel zu Boden. Ich versuchte, auf den Knien hinter dem Schreibtisch hervorzukommen. Herr Vale schien überall zur gleichen Zeit aufzutauchen: Er hielt mich an den Fersen fest, zerrte an meinem Hemd, drehte ein Bein um mein Handgelenk, um mich endgültig zu Boden zu zwingen. Die Tür! Ich musste unbedingt zur Tür gelangen. Als er wieder ausholte, drehte ich mich abrupt um und drückte ihm die Hand ins Gesicht. Mit den Fingern kniff ich seine Wangen und versuchte gleichzeitig, ihn von mir wegzustoßen. Mit einer ruckartigen Bewegung seines Kopfes gelang es ihm, sich aus meinem Griff zu befreien. Wie ein Hund knurrend, verbiss er sich in meine Hand. Ich stieß einen Schrei aus, und meine Augen füllten sich mit Tränen. Ein scharfer Schmerz durchzuckte mich, ein Schmerz, der immer stärker wurde. Ich spürte, ein seltsam absterbendes Gefühl im Kern des Schmerzes, wie das Fleisch meiner Hand unter dem Druck seiner kräftigen Kiefer allmählich nachgab.

«Um Himmels willen, was ist denn hier los!» Es war Larry. «Lass ihn los, du Vollidiot!» Durch den Tränenschleier sah ich, wie sich jemand vorbeugte, um meinen Peiniger am Kragen zu packen. Die Nasenlöcher weit aufgerissen, schüttelte Herr Vale, dessen Knurren von der Hand in seinem Mund gedämpft wurde, heftig den Kopf hin und her wie eine Hyäne, die einen Fleischfetzen aus einem Stück Aas herausreißen will. Der Schmerz durchlief in Wellen meinen Körper. Plötzlich war ich von jedem Druck befreit und mein Arm fiel herab. Zwei miteinander ringende Silhouetten schoben sich am Fenster vorbei und verschwanden aus meinem Blickfeld.

Ich lag auf der Seite. Der Teppichboden an meinen Lippen fühlte sich rau an. Ich schielte durch eine Büroklammer, die direkt vor meiner Nasenspitze lag. Etwas weiter lag der kleine Bleistift, den ich schon eine Zeit lang vermisst hatte, und dahinter sah ich etwas Rotes, etwas Knallrotes. Meine Finger zuckten. Sie waren in eine warme, klebrige Lache getaucht, die sich auf dem Teppichboden gebildet hatte. Mit der anderen Hand hielt ich ein Tischbein umklammert: kühl, rund und glatt. Bei dem vergeblichen Versuch, aufzustehen, krümmte ich meinen Körper um dieses Bein. Ich verstärkte meinen Griff und konzentrierte mich auf die tröstende Wirkung, die von dem kühlen Metall ausging. Fünf plus drei gleich acht. So war es immer gewesen und so würde es auch immer bleiben. Siebzehn minus einunddreißig gleich minus vierzehn. Die Menge der wilden Zahlen ist unendlich. Wenn es für eine bestimmte Menge pseudo-wilder Zahlen ... Daraus ergibt sich, dass ... Wenn ... Ich kniff die Augen fest zusammen, und eine neue Schmerzenswelle spülte alle Gedanken weg.

Jenseits des Schmerzes hörte ich nun – als kämen sie aus einer anderen Welt – erregte Stimmen, sehr viele Stimmen, außerdem Geschrei und, in regelmäßigen Intervallen, ein gewaltiges Dröhnen, das eine metallische Resonanz hinterließ, als würde jemand schwere Jutesäcke auf die Ladefläche eines Lastwagens werfen. Ich ließ das Tischbein los und landete lang ausgestreckt auf meinem Rücken. Ich starrte an die Zimmerdecke und wartete ab. Acht minus acht gleich null. Null mal null gleich null. Das Geschrei wurde kehliger, verwandelte sich in ein Gurgeln und dann hörte ich nur noch das Geräusch der Jutesäcke.

«Jetzt reicht es aber, Larry!» Das war Dimitris Stimme, laut und deutlich. «Du schlägst ihn ja noch tot!»

Noch ein Dröhnen und noch eins.

«Es reicht, hab ich gesagt!»

Für einen kurzen Augenblick herrschte Stille. Dann fingen alle gleichzeitig an zu schreien.

«Einen Krankenwagen! Und die Polizei! Gib mir ein paar Papiertücher. Schnell!»

Hände bahnten sich einen Weg unter meine Achseln und ich wurde auf seinen Stuhl gehievt. Verschiedene Leute betraten mein Büro und rannten wieder hinaus, andere standen mit offenem Mund da und starrten mich an. Überall lagen Papiere herum, auf dem Schreibtisch und auf dem Boden, blutverschmiert. Jemand hob meinen schlappen Arm vom Schreibtisch hoch und umwickelte ihn mit einem Tuch von einer Küchenrolle. Sofort bildeten sich rote Flecken, die sich rasend schnell auf dem Tuch ausbreiteten und ineinander flossen. Ein weiteres Tuch wurde von der Küchenrolle abgerissen und um meine Hand gewickelt.

«Bist du in Ordnung, Isaac?»

«Isaac?»

«Alles okay?»

Ich hatte Mühe, meine Stimme zu finden. «Ich weiß nicht.»

Nicht jeder im Raum interessierte sich für mich. Die meisten betrachteten einen Haufen Kleidungsstücke, die jemand an den Aktenschrank gepfeffert hatte. Mein Blick wurde von einem Fleck auf der einen Seite des Haufens angezogen, der in grellen Farben leuchtete. Mit einem Schock wurde mir klar, dass es sich um ein Gesicht handelte – beziehungsweise um das, was davon übrig war.

Ein Auge war geschlossen; es hatte sich in eine bläulichweiße Schwellung mit rosafarbenen Rändern verwandelt. Aus einem Nasenloch tröpfelte unaufhörlich Blut, sammelte sich auf der Oberlippe und fiel von dort auf den Teppichboden. Am schlimmsten zugerichtet war der Unterkiefer, der seltsam abgewinkelt neben dem zermatschten Gesicht hing. Man konnte die Zähne sehen, eine glänzende und gefährlich aussehende Reihe. Der Schmerz in meiner Hand nahm wieder zu.

Sirenen kamen näher, lauter und lauter, bis sie direkt unter dem Fenster meines Büros waren. Rote Blitze jagten einander auf den Wänden. «Aus dem Weg! Macht Platz!» Männer in weißen und in blauen Uniformen stürmten ins Zimmer. Der Haufen Kleidungsstücke neben dem Aktenschrank wurde auf eine Trage gelegt und hinausgebracht.

Jemand half mir beim Aufstehen. Flankiert von Dimitri und Harvey Mansfield, einem Experten auf dem Gebiet der künstlichen Intelligenz vom Institut für Informatik, wurde ich durch ein Gewirr von starrenden Gesichtern auf den Gang geführt.

«Schön langsam», sagte Dimitri. «So ist es prima.»

Aus dem Nichts kam eine Frau mit einer riesigen Lockenpracht und einem breiten Mund voller strahlend weißer Zähne auf mich zugesprungen. «Hallo, ich bin Anita Schreyer von der *Chronicle*. Können Sie mir erzählen, was sich gerade in Ihrem Zimmer zugetragen hat?»

«Lassen Sie ihn doch in Ruhe», schnauzte Harvey sie an. «Sehen Sie denn nicht, dass er dringend zum Arzt muss?» Er verstärkte den Griff um meinen gesunden Arm und beschleunigte seine Schritte. Das kecke Klappern von Damenabsätzen folgte uns den ganzen Gang entlang. Ob ich den Angreifer kenne, wollte die Journalistin wissen; warum er mich angegriffen habe und ob es vor dem Angriff einen Wortwechsel gegeben habe.

Sie verschwand ebenso plötzlich, wie sie aufgetaucht war. Türen wurden geöffnet und im nächsten Augenblick blendete mich das grelle Sonnenlicht. Ich sah einen Krankenwagen, der gerade wegfuhr und dem eine Hand voll junger Männer, die in einem Halbkreis dastanden, nachblickte. Einer von ihnen hatte einen Fußball unter dem Arm. Wir überquerten die Wiese. Hie und da glänzten die verdorrten Stellen im Gras wie Gold, dann verblassten sie wieder zu einem matten Gelb, während das Grün ringsum so dunkel wurde, dass es beinahe schwarz wirkte. Ich spürte nichts als meine schmerzende Hand, eingewickelt in ein riesiges blutbeflecktes Papierknäuel. Der Rest meines Körpers hing nutzlos herum; meine Knie schienen sich bei jedem Schritt in die falsche Richtung verbiegen zu wollen.

«Es geht wirklich prima, Isaac», sagte Dimitri. «Wir sind gleich da.»

«Wo da?»

«In der Uniklinik», sagte Harvey.

«Ist er tot?»

«Wer? Oh, du meinst den Verrückten, der dich angegriffen hat? Nein, nein, aber er hat schon ein paar Volltreffer einstecken müssen.»

Wir betraten die Klinik, in der Harvey und Dimitri mich einer Krankenschwester übergaben. Wir gingen durch eine Tür und ich wurde auf einen Stuhl gesetzt. Ein junger Mann mit roten Wangen kam durch eine andere Tür. «Hallo, ich bin Doktor Greenwood.» Er zog einen Stuhl heran und setzte sich unmittelbar vor mich. «Wie ich sehe, sollten wir lieber aufs Händeschütteln verzichten.» Vorsichtig schälte er die blutigen Papierstreifen ab. Als er die Wunde sah, stieß er einen Pfiff aus. «Wie haben Sie denn das angestellt?»
«Ich bin gebissen worden.»
«Von einem Hund?»
«Nein, von einem Menschen.»
«Ach, du lieber Gott.»
Doktor Greenwood war einer jener begeisterungsfähigen jungen Ärzte, die alles, was sie tun, erklären: den Namen des Schmerzmittels, das er mir gab, warum er Gummihandschuhe trug und so weiter. Das ging mir zum einen Ohr hinein und zum anderen wieder hinaus; seine Stimme aber stellte eine angenehme Ablenkung von dem Schmerz dar, der mich jedesmal durchzuckte, wenn er eine absorbierende Kompresse auf die Wunde drückte. Einmal, als er eine blutgetränkte Kompresse von der Wunde ablöste, erhaschte mein Blick einen rosafarbenen und sichelförmigen Riss, der über meinen Handrücken lief und sich im Nu wieder mit Blut füllte. Als ich den Kopf abwandte, sah ich an der weißen Wand das Nachbild der Wunde in Komplementärgrün, was mich an die Karte vom Death Valley in Dimitris Atlas denken ließ. Das Problem der wilden Zahlen. Ich hatte es gelöst. Gott sei Dank lebte ich noch und konnte davon erzählen.

«Es ist lediglich eine Fleischwunde. Weil so viel Blut austritt, sieht sie schlimmer aus, als sie ist», versicherte mir der Arzt, während er die Wunde erneut mit einer sterilen Kompresse abdeckte. «Menschenzähne sind nicht so scharf. Anders als bei Hundezähnen kann man mit ihnen keine Sehnen durchbeißen. Sie werden Ihre Hand wieder normal gebrauchen können, wenn die Wunde verheilt ist.»

Die Krankenschwester stand die ganze Zeit daneben und schnitt Gazevierecke zurecht, die sie anschließend mit einer Flüssigkeit aus einer braunen Flasche beträufelte.

«Und jetzt die schlechte Nachricht», sagte Doktor Greenwood in dem munteren Ton, der seine Berufsgruppe auszeichnet. «Der menschliche Biss ist vielleicht nicht der schärfste, gehört dafür aber zu den ekelhaftesten. Unsere Mundhöhle ist eine Brutstätte für allerlei höchst ansteckende Bakterien, folglich sollten wir auf das Nähen der Wunde verzichten: Die lieben kleinen Biester würden sich in dem geschlossenen Raum wie im Paradies fühlen. Was tun wir statt dessen? Wir desinfizieren die Wunde so gut es geht und lassen sie von selbst zuwachsen. Leider wird sich die Genesung dadurch etwas hinauszögern, und Sie werden wahrscheinlich eine ziemlich hässliche Narbe zurückbehalten.»

Er nickte der Krankenschwester zu, die mit einem Tablett voller medizinischer Geräte und sterilem Verbandmaterial zu uns herüberkam.

«Es kann ein wenig brennen.» Mit einer Zange nahm er ein Gazeviereck und legte es mir auf die Hand. Als das Desinfektionsmittel in meine Wunde lief, krümmte ich mich zusammen. Ich atmete scharf ein. Für einen kurzen Augenblick wurde mir schwarz vor den Augen.

Der Arzt wartete geduldig, bis ich mich wieder gefasst hatte, und fuhr mit seinen Erklärungen fort: «Ihre ganze Hand wird eine Zeit lang ziemlich empfindlich sein. Vor allem in diesem Bereich.» Während er die Gaze mit zwei Fingern auf die Wunde drückte, drehte er meine Hand um und zeigte mir die dunkelvioletten Zahnspuren, die bogenförmig über meinen Handballen verliefen. Vales Biss hatte natürlich Verwundungen auf beiden Seiten meiner Hand verursacht. Der Arzt nahm eine Mullbinde aus einer Zellophanhülle und wickelte sie mir vollständig um die Hand. Unterdessen erklärte er mir, worauf ich in Zukunft zu achten hätte. Am wichtigsten sei es, die Wunde sauber zu halten. Sauberer als sauber. Der Verband müsse regelmäßig gewechselt werden. Wenn ich Fieber bekäme oder meine Hand anzuschwellen beginne, sollte ich sofort einen Arzt aufsuchen.

«Jetzt möchte ich, dass Sie eine Weile hier sitzen bleiben», sagte er, nachdem er das Ende des Verbandes mit zwei Häkchen befestigt hatte. «Sie haben gerade etwas Schockierendes mitgemacht. Entspannen Sie sich, und lassen Sie das Schmerzmittel wirken.»

Nachdem der Arzt gegangen war, bot mir die Krankenschwester einen Becher heißen Tee an. Dann machte sie sich fröhlich singend daran, die blutigen Tücher und die benutzten medizinischen Geräte auf ein Metalltablett zu legen. Ich entschied, dass ich mich nicht mit ihr zu unterhalten brauchte, und entspannte mich. Während ich meinen Tee schlürfte, musterte ich die Poster an der Wand, die farbenfroh dazu rieten, beim Sex Kondome zu benutzen, sich vor dem Sport aufzuwärmen und keine Zigaretten mehr zu rauchen. Dank des Schmerzmittels und des beruhigenden antiseptischen Geruchs, der mir durch den Verband in die Nase stieg, spürte ich von den Schmerzen in meiner Hand nur noch ein dumpfes und rhythmisches Pochen.

Fünf Minuten später kehrte der Arzt zurück, um noch ein paar abschließende Untersuchungen durchzuführen. Ich musste seinem Finger mit den Augen folgen und ihm sagen, ob mir schwindlig werde.

«Nicht? Na, wunderbar. Jetzt möchte ich, dass Sie aufstehen und ganz langsam auf mich zukommen. Ja, so. Immer schön langsam.»

Er und die Krankenschwester standen bereit, mich notfalls aufzufangen.

«Schwindelgefühle? Übelkeit?»

Ich schüttelte den Kopf.

Der Arzt gab mir eine Plastiktüte mit mehreren Mullbinden und ein Fläschchen mit Schmerztabletten. Nachdem er mich noch einmal darauf hingewiesen hatte, von welch entscheidender Bedeutung es sei, die Wunde sauber zu halten und beim geringsten Verdacht einer Entzündung einen Arzt aufzusuchen, wünschte er mir alles Gute.

Harvey Mansfield war verschwunden, Dimitri jedoch saß am Ausgang und wartete auf mich. Er wirkte niedergeschlagen. «Tut mir wahnsinnig leid», sagte er, als wäre alles seine Schuld. «Wie fühlst du dich?»

«Geht so.»

«In Larrys Büro wartet jemand von der Polizei auf dich, der dir ein paar Fragen stellen will. Glaubst du, dass du das schaffst?»

«Ja, bestimmt.»
Wir gingen quer über die Wiese zur Fakultät für Mathematik und Informatik. Den protzigen Verband an der Hand und mit Dimitri an meiner Seite wirkten die Wiese, die Bäume, die Wolken und alles andere um mich herum außergewöhnlich tief und rein. Ich kannte diesen Sinneseindruck noch aus den seltenen Momenten in meiner Jugend, wenn ich mir mal eine Verletzung zugezogen hatte (da ich ständig in meinem Zimmer gehockt und Zahlen addiert hatte, war dies nicht gerade häufig der Fall gewesen): Wenn ich erst einmal getröstet und mit Pflastern versehen war, sah die Welt wunderbar frisch und geheimnisvoll aus, als hätte ich zum ersten Mal verstanden, was es hieß zu leben.

An Larrys Schreibtisch saß ein Kriminalkommissar in einem kurzärmeligen Hemd und machte sich eifrig Notizen. Seine Jacke hing über der Lehne und er hatte – wie ein hoher Offizier, der soeben den Ausnahmezustand verkündet hat und Raum für sich beansprucht – Larrys Papiere zur Seite geschoben, um für seine Aktenmappe Platz zu schaffen.

Larry hatte sich in die Fensternische gesetzt. Er sah mit hochgezogenen Augenbrauen zu mir auf, während er die Finger seiner rechten Hand beugte und streckte. «Hallo, Isaac! Das ist ja ein riesiger Baseballhandschuh, den du da anhast. Geht es einigermaßen?»

«So la-la. Und du, wie ist's mit dir?»

«Ach, nichts Ernstes. Der Idiot hat mir ein paarmal gegen das Schienbein getreten, und meine Knöchel sind ein wenig lädiert. Das ist eigentlich alles.»

Dimitri und ich nahmen gegenüber dem Kommissar Platz, der jetzt mit dem Schreiben aufhörte und sich als Inspector Hutchinson vorstellte. «Ich habe lediglich zwei, drei Fragen, Herr Swift», sagte er, während er in seinen Notizen blätterte. «Mal sehen. Oh ja. Herr Oberdorfer hat mir erzählt, dass er den Beschuldigten gestern im Zustand äußerster Erregung den Gang habe entlanggehen sehen. Dieser habe – ich zitiere – gerufen: ‹Die Gerechtigkeit wird siegen, die Gerechtigkeit wird siegen!› Wissen Sie zufällig, was er damit gemeint hat?»

«Ich fürchte, ja.» Ich erzählte dem Kommissar, wie mich Herr Vale vor drei Wochen in meinem Büro aufgesucht und mir die vermeintliche Lösung eines bedeutsamen mathematischen Problems präsentiert hatte (für einen Polizeibericht schien mir der Name des Problems nicht relevant zu sein), die in Wirklichkeit der reinste Blödsinn war, und dass er gestern Morgen aus Versehen meine – die richtige – Lösung eben jenes Problems zu Gesicht bekommen und mich des Plagiats bezichtigt hatte.

«He, Isaac, welches Problem hast du denn gelöst?», fragte Larry.

Ich hatte mich schon darauf gefreut, dass er nichts ahnend in der *Number* blättern und plötzlich auf meine Lösung stoßen würde. Nun musste ich das Geheimnis vorher lüften, unter Umständen, die alles andere als ideal waren. Aber mir blieb keine andere Wahl. Er hatte mir schließlich das Leben gerettet.

«Du hast das Problem der wilden Zahlen gelöst?», rief er. «Meinst du das wirklich?»

«Meine Herren, wenn Sie nichts dagegen haben ...», hob Inspector Hutchinson an.

«Und du hast es gewusst, Dimitri?», bohrte Larry weiter. «Ja, sagt mal, Leute, wieso habt ihr mich denn nicht eingeweiht?»
«Meine Herren, können Sie sich diese Diskussion nicht für nachher aufheben? Ich muss heute noch andere Dinge erledigen.»
«Das ist doch unerhört, Herr Inspector! Wie würden Sie sich fühlen, wenn Ihre Kollegen Ihnen nicht erzählt hätten, dass sie endlich einen berühmten alten Mordfall aufgeklärt haben?»
«Dann hätten sie bestimmt ihre Gründe dafür gehabt.»
«Ich gebe auf», sagte Larry mit einer wegwerfenden Handbewegung. «Fragen Sie ruhig weiter.»
«Danke. Nun, wenn ich Sie richtig verstanden habe, Herr Swift, dann behauptet der Beschuldigte, dass er derjenige sei, der dieses ... äh ... Problem der wilden Zahlen gelöst hat, und dass sie sich des Plagiats schuldig gemacht haben.»
«Stimmt», sagte ich.
«Und?»
«Und was?»
«Haben Sie seine Arbeit tatsächlich plagiiert?»
«Natürlich nicht!», rief Dimitri aufgebracht. «Isaac Swift ist ein erstklassiger Mathematiker. Herr Vale ist schwer gestört.»
«Bitte, Herr Arkanov. Lassen Sie Herrn Swift die Frage beantworten.»
«Nein, ich habe kein Plagiat begangen.»
Mit der nächsten Frage wandte sich der Kommissar an Dimitri und Larry. «Es ist eine hinreichend belegte Tatsache, dass jemand, der einen geistigen Diebstahl begeht,

sich oft überhaupt nicht bewusst ist, dass er etwas Falsches gemacht hat. Er ist derart begeistert von der Idee eines anderen, dass er einfach vergisst, dass sie nicht von ihm selbst stammt. Meinen Sie, dies könnte auch bei Ihrem Kollegen, Herrn Swift, der Fall sein?»

«Tja», Larry lächelte säuerlich. «Das kann ich natürlich nicht beurteilen.»

«Ausgeschlossen», behauptete Dimitri. «Die mathematischen Ideen, die Herr Vale uns jede Woche präsentiert hat, sind der reinste Blödsinn, total wertloser Plunder.»

«Haben Sie Herrn Vales Lösung des Problems der wilden Zahlen je mit eigenen Augen gesehen, Herr Arkanov?»

«Nein, das nicht, aber ...»

«Wieso sind Sie dann so sicher, dass es der reinste Blödsinn ist?» Das triumphierende Lächeln des Kommissars war dem Mathematikergrinsen täuschend ähnlich, eine Übereinstimmung, die durch das Kichern, das von der Fensterbank her ertönte, noch verstärkt wurde.

«In meiner Schreibtischschublade liegen beide Fassungen», sagte ich dem Kommissar. «Möchten Sie sie sehen? Dann können Sie sich selbst ein Urteil bilden.»

«Ich danke Ihnen, aber ich bin kein Mathematiker.»

«Sie brauchen auch kein Mathematiker zu sein, um den Unterschied zwischen Herrn Vales Arbeit und meiner zu erkennen.»

«Na gut.»

«Moment.» Larry sprang von der Fensterbank. «Ich hol sie.»

«Ich will ganz offen zu Ihnen sein, Herr Inspector», sagte Dimitri, während wir warteten. «Mein Kollege ist gerade Opfer eines äußerst brutalen Überfalls geworden und hat sich dabei eine ernste Verletzung zugezogen. Er hat unser Mitgefühl und unsere volle Unterstützung verdient. Wieso drängt sich mir dann der unangenehme Eindruck auf, dass er beweisen muss, dass es nicht seine eigene Schuld war?»

«Ich tue nur meine Pflicht, Herr Professor. Als Mathematiker müssten Sie meinen Wunsch nach absoluter Sicherheit doch zu würdigen wissen. Angenommen, der Beschuldigte hätte das Problem doch selbst gelöst, und angenommen, es gäbe eine Verschwörung gegen ihn, bei der einige wissenschaftliche Mitarbeiter der Fakultät einander decken. Wie unwahrscheinlich dies auch sein mag, ich darf diese Möglichkeit zumindest nicht ausschließen.»

«Alles schön und gut», antwortete Dimitri, «selbst dann wäre es aber noch lange nicht erlaubt, gewalttätig zu werden.»

«Natürlich nicht. Was ich herauszufinden versuche, ist, ob der Beschuldigte nachvollziehbare Gründe für die Annahme hatte, dass Herr Swift ihm seine Arbeit entwendet hat, oder anders gesagt, ob er zum Zeitpunkt der Tat zurechnungsfähig war oder nicht. Wenn ja, dann kommt er ins Gefängnis, wenn nicht, dann folgt eine Zwangseinweisung in eine Nervenheilanstalt. Das ist der Punkt, um den sich alles dreht. Ob sich Ihr Kollege des Plagiats schuldig gemacht hat oder nicht, interessiert mich weiter nicht.»

«Bitte entschuldigen Sie, Herr Inspector, so hatte ich die Sache noch nicht betrachtet.»

«Klar wie Kloßbrühe, mein lieber Watson», sagte Larry,

der in diesem Moment hereinkam. Er überreichte dem Kommissar zwei Papierstapel und kehrte mit einem dritten Stapel auf seinen Lieblingsplatz am Fenster zurück.

«Ich war so frei», sagte er zu mir, mit einer frischen Kopie meines Beweises winkend.

«Ich hab mir so was schon gedacht», sagte ich lachend. Er hätte ihn früher oder später ja doch gelesen. Abgesehen davon fühlte ich mich von seinem plötzlichen Interesse an meiner Arbeit geschmeichelt.

«‹Definiere Pseudo-Wildheit folgendermaßen›», las er vor. «Das ist clever, Isaac. Sehr gut.»

Der Kommissar hatte inzwischen meinen Beweis überflogen und legte ihn beiseite. Vales Phantasieprodukt widmete er wesentlich mehr Aufmerksamkeit. Als hätte der Geist, der daraus sprach, Besitz von ihm ergriffen, zog er dabei die seltsamsten Grimassen. «Auf den ersten Blick tatsächlich das Werk eines Gestörten», stellte er fest. «Dennoch würde ich gern beide Fassungen mitnehmen.»

«Wieso denn?», wollte Dimitri wissen.

«Ich würde sie gern einigen Mathematikern vorlegen, die keine direkten Beziehungen zu Ihrer Universität haben. Nur zur Sicherheit. Selbstverständlich werden wir Ihnen Ihren Aufsatz so schnell wie möglich zurückgeben, Herr Swift.»

Er legte alle Papiere in seinen Aktenkoffer, langte nach seiner Jacke und stand auf. «Ich danke Ihnen, dass Sie mir ein paar Minuten Ihrer wertvollen Zeit geschenkt haben. Und Ihnen gute Besserung, Herr Swift.»

Als der Kommissar den Raum verlassen hatte, blies Dimitri die Wangen auf und ließ die Luft laut schnaufend entweichen. «Was für ein Tag, was für ein Tag.»

«Du meinst wohl: ‹Was für ein Jahr, was für ein Jahr›», sagte Larry, ohne den Blick von meinem Artikel zu wenden. «Letzten September schon habe ich euch gewarnt, dass dieser Vale nicht hierher gehört. Wie immer hat ja keiner auf mich hören wollen.»
«Lies mir ruhig die Leviten, Larry», sagte Dimitri. «Das habe ich verdient. Ich hätte mich nicht auf Verhandlungen mit ihm einlassen dürfen. Er hatte hier in der Tat nichts zu suchen, und ich hätte ihn nach Hause schicken sollen, solange es noch möglich gewesen wäre.»
«Du kannst jetzt doch nicht als Einziger den Kopf dafür hinhalten», sagte ich. «Wir alle haben deinem Plan zugestimmt.»
Larry räusperte sich, eine unnötige Erinnerung an die Ausnahmeposition, die er eingenommen hatte.
«Aber es war nun einmal mein Plan», beharrte Dimitri. «Mir ging es viel zu sehr darum, ihn gegen psychiatrische Hilfe in Schutz zu nehmen, obwohl er gerade die gebraucht hätte. Ich habe zugelassen, dass mein gesunder Menschenverstand von meinen eigenen unangenehmen Erfahrungen auf diesem Gebiet getrübt wurde, und du, Isaac, hast es ausbaden müssen. Herr Vale selbst übrigens auch. Das kann ich mir nicht vergeben.»
«Aber wenn es mir gestern gelungen wäre, beide Kopien meines Beweises rechtzeitig zuzudecken, wäre überhaupt nichts passiert.»
Meine Worte konnten ihn nicht trösten. Den Blick starr auf den Boden gerichtet, zog Dimitri sich in eine undurchdringliche Wolke aus Selbstvorwürfen zurück.
Im Büro war es drückend warm. Während Larry mit der Lektüre meines Beweises fortfuhr, schloss ich die Au-

gen. Langsam schlummerte ich über dem rhythmischen Pochen ein, das aus der Tiefe des Verbandes kam. Doch an der Schwelle zwischen Schlaf und Wachen stand Herr Vale und wartete auf mich; erneut sah ich die Mordlust in seinen hervortretenden Augen, die Adern auf seiner Stirn und seine weit aufgerissenen Nasenlöcher, erneut spürte ich, wie sich seine Zähne in meine Hand gruben. Ein jäher Schmerz durchbohrte die weiche Wand der Betäubung, und ich schreckte, die Stirn schweißnass und kalt, aus dem Halbschlaf hoch.

Da ich Larry und Dimitri nicht stören wollte, griff ich selbst nach der Plastiktüte und wühlte zwischen den Mullbinden herum, bis ich das Fläschchen mit den Pillen gefunden hatte. Nach einer Weile gelang es mir endlich, mit dem Daumennagel den Verschluss aufzuschnippen und ein paar Pillen auf den Schreibtisch zu schütteln. Ich konnte gerade noch verhindern, dass sie vom Schreibtisch kullerten. Wenn es mich schon so große Mühe kostete, eine Schmerztablette einzunehmen, wie sollte ich dann um Himmels willen heute Abend eigenhändig den Verband wechseln?

Ich musste an die Grillparty bei Stan und Ann denken – dort hätte ich unter den anwesenden Ärzten die Qual der Wahl. Es spielte keine Rolle, dass ich durch die Schmerztabletten für eine normale Konversation zu benommen sein oder die Geschichte meiner Verwundung für Heiterkeit sorgen würde. Ich brauchte einfach jemanden, der mir beim Verbinden half. Noch wichtiger: Ich brauchte unbedingt Gesellschaft. Denn ich hatte Angst. Angst vor dem Alleinsein und Angst davor, Herrn Vale vor mir zu sehen, sobald ich die Augen schloss.

Die Stille wurde von Larry unterbrochen, der leise zu lachen angefangen hatte. «He, Isaac. Bist du dir sicher, dass du das hier nicht von Herrn Vale abgekupfert hast?»

«Was?» Verstört sah Dimitri aus seinen düsteren Gedanken auf. «Bitte, Larry, dies ist nicht der richtige Augenblick für schlechte Witze.»

«Oh, ich meine es aber ganz ernst.» Larrys Lippen schürzten sich zu einem Lächeln. «Tut mir leid, dass ich euch die Stimmung verderben muss, Jungs, aber was ich gerade gelesen habe, ist totaler Schwachsinn.»

10

Hier steht es, auf der ersten Seite», sagte Larry. Er war von seiner Fensterbank heruntergeklettert und hatte uns gegenüber Platz genommen. Er sprach langsam und überdeutlich, als wären Dimitri und ich mittelmäßige Erstsemester: «Hier behauptet Isaac, alle pseudowilden Mengen seien K-reduzibel. Zur Ermittlung der K-Reduzibilität braucht man aber einen konstanten und unabhängigen Bezugspunkt, die sogenannte Kalibratormenge.»

«Was du nicht sagst», meinte Dimitri mit gespieltem Ernst. Immerhin war er es gewesen, der die Begriffe der K-Reduzibilität und der Kalibratormenge in die Zahlentheorie eingeführt hatte.

Larry ignorierte Dimitris Bemerkung. Jetzt, da er Punkte sammeln konnte, hatte er keine Zeit für den Humor eines anderen. «Ich schlage vor, dass ihr beide euch noch einmal die Kalibratormenge anschaut, die Isaac in seinem Beweis verwendet hat.»

«Wieso denn? Hier konstruiert er die Menge, und hier weist er nach, dass sie konstant und unabhängig ist.» Mit zwei ungeduldigen, schnellen Handbewegungen wies Dimitri auf die entsprechenden Stellen auf dem

Blatt Papier. «Ihre anderen Eigenschaften spielen hier keine Rolle.»
«Bist du dir da sicher?»
«Also schön. Um dir einen Gefallen zu tun.» Dimitri massierte sich die Stirn mit leicht zitternden Fingerspitzen und ging die betreffenden Zeilen noch einmal durch.
Ich wollte es ihm nachtun, verlor aber immer wieder den roten Faden, weil ich plötzlich wieder einen stechenden Schmerz an der Hand fühlte.
Gerade als ich dachte, dass Dimitri erneut in einen seiner tiefen mathematischen Trancezustände versunken sei, schreckte er wie von der Tarantel gestochen hoch. Er nahm die erste Seite meines Beweises und hielt sie sich mal näher, mal weiter vors Gesicht.
«Dimitri, du Idiot», sprach er vor sich hin. «Wie konntest du das nur übersehen?»
«Übersehen?», fragte ich. «Was meinst du mit ‹übersehen›?»
Mühsam stand er auf und hielt sich mit beiden Händen, die jetzt stark bebten, am Schreibtischrand fest: «Zeig du es ihm, Larry, ich bin dazu nicht mehr in der Lage.» Ohne Abschiedsgruß verließ er das Büro.
Schweigend sahen Larry und ich einander an, als wollten wir Dimitri erst die Zeit geben, den Flur abzuschreiten und das Gebäude zu verlassen.
Larry schnalzte mit der Zunge. «Der arme alte Dimitri. Vor fünf Jahren wäre ihm so etwas noch nicht passiert.»
Sein Mitgefühl war hauchdünn. Er musste sich anstrengen, eine ernste Miene zu bewahren. Das war der Moment, auf den er gewartet hatte: Der mächtige Di-

mitri Arkanov musste seine, Larrys, Überlegenheit anerkennen.

Kurz schien es, als hätte mein strenger Blick ihn erschreckt, doch er fing sich schnell wieder.

«Und, Isaac?», fragte er beiläufig. «Hast du den Fehler schon entdeckt?»

«Welchen Fehler?»

Dimitri hatte meinen Beweis von allen erdenklichen Seiten geprüft und selbst die geringsten Details mit kritischen Fragen auf Schwachstellen hin abgeklopft. Majestätisch hatte die These allen Angriffen standgehalten. Jetzt aber hatte sich Dimitri von Vales gewalttätigem Auftreten aus der Fassung bringen lassen; er fühlte sich für den Zwischenfall verantwortlich. Aus diesem Grund hatte er sich von Larrys rechthaberischem Tonfall einschüchtern lassen. Vielleicht wollte er sogar aus einem unbewussten Bedürfnis nach Strafe heraus diesen angeblichen Fehler entdecken. Wenn meine Hand nur nicht so weh tun würde – die Wirkung des Schmerzmittels ließ deutlich nach –, dann könnte ich seine Argumente mühelos entkräften.

«Es gibt keinen Fehler», behauptete ich stur.

«Aber nein, Isaac, es gibt keinen Fehler.» Larry hob die Hände zum Zeichen, dass er sich geschlagen gab. «Geh jetzt lieber nach Hause. Wir besprechen das hier ein anderes Mal.»

«Nein, Larry, ich gehe nicht weg, bevor du mir nicht genau erklärt hast, was du meinst.»

«Junge, Junge», sagte er und rollte mit den Augen. «Das sieht doch jedes Kind, aber offensichtlich müssen wir es dir von A bis Z vorkauen.» Während er immer wieder die

Spitze seines Bleistiftes in das Blatt Papier bohrte, zählte Larry die Eigenschaften der Kalibratormenge auf, die ich für den Beweis herangezogen hatte. «Und jetzt kommt das Witzige.» Mit einem gierigen Blick suchte er mein Gesicht nach Anzeichen einer Gefühlsregung ab. «Deine Kalibratormenge, die Menge, die du aus dem Hut zauberst, um zu beweisen, dass es unendlich viele wilde Zahlen gibt, muss zwei Anforderungen genügen. Erstens muss sie unendlich viele Elemente enthalten. Zweitens müssen all diese Elemente wild sein.»

«Das ist lächerlich.»

«In der Tat», pflichtete er mir fröhlich bei. «Das bedeutet nämlich, dass dein Beweis ein Zirkelschluss ist.»

«Nein!»

«Runder geht es nicht, mein Bester.»

Ich wollte noch etwas erwidern, als die fünf oder sechs Zeilen, um die es ging, zu strahlen begannen; im Gleichklang mit dem Klopfen in meiner Hand schien die Tinte immer schwärzer zu werden, während der Text um diese Zeilen herum zu einem grauen Schleier verschwamm.

«Jetzt siehst du es auch, nicht wahr?» Larrys Stimme klang beinahe zärtlich.

Ich starrte weiter auf die Zeilen und fragte mich, wie ich etwas so Auffälliges und Grundlegendes hatte übersehen können. Noch mehr fragte ich mich, wie es geschehen konnte, dass auch Dimitri, kein Geringerer als der große Dimitri Ivanovitsch Arkanov, den Fehler übersehen hatte. Wie hatte er nur auf den Gedanken verfallen können, dieser Schwachsinn führe ins Hochland der Zahlentheorie und böte uns ein atemberaubendes Panorama? Ich sank in mich zusammen, als ich an den glorreichen Augenblick in seinem Büro zurückdachte, in dem er, die Flasche Kognak in der Hand, sich mit Tränen in den Augen zu mir umgedreht hatte. *Isaac, du hast es geschafft.*

Larry beugte sich über den Schreibtisch zu mir herüber und gab mir einen Klaps auf die Schulter. «Tut mir leid, mein Bester. Viel Glück beim nächsten Versuch, würde ich mal sagen. Soll ich dich nach Hause bringen?»

«Nein, danke.» Ich erhob mich, schob die Papiere mit meiner unversehrten Hand auf einen Stapel und stopfte sie in die Plastiktüte zu den Mullbinden. «Man erwartet mich auf einer Grillparty», sagte ich, als beträfe es etwas Bedeutsames. Ich verabschiedete mich von ihm und verließ betont würdevoll das Büro.

«Da sind Sie ja!» Auf dem Gang rannte mir aufgeregt eine Frau entgegen. Es war die Reporterin der *Chronicle*, die uns auf dem Weg zur Ambulanz belästigt hatte. «Ich habe Sie überall gesucht!»

«Lassen Sie mich vorbei.»

«Bitte, Herr Swift», keuchte sie. «Nur ein paar Worte über den Anschlag. Oder reicht Ihnen: ‹Swift verweigert jeden Kommentar›?»

«Lassen Sie ihn doch», sagte Larry, der aus seinem Büro auf den Gang getreten war. «Isaac hat für heute genug mitgemacht.» Er musterte die Journalistin beifällig und schlug einen sanfteren Ton an. «Aber warum kommen Sie nicht kurz herein? Vielleicht kann ich Ihnen ja weiterhelfen.»

Vom Rücksitz des Taxis aus, das mich zu Stan und Ann brachte, sah die Welt ganz gewöhnlich aus. Noch immer warteten die Leute an den Bushaltestellen, noch immer standen die Gebäude brav auf ihrem Platz, noch immer ging die Sonne auf jener Bahn unter, die diesem Breitengrad und dieser Jahreszeit entsprach. Nichts und niemand störte sich daran, dass sich eine scheinbar neue Wahrheit gerade in Rauch aufgelöst hatte. Sogar mir machte es nichts aus. Ich war noch ein Ganzes, als würden alle Gedanken und Gefühle nach wie vor fröhlich auf ihren Bahnen kreisen, nicht ahnend, dass im Kern ihres Sonnensystems, in dem vor gerade mal einer Stunde eine brillante These gestrahlt hatte, nun Leere herrschte. Doch die alles zerstörende Druckwelle musste erst noch kommen, und mit ihr würden unweigerlich auch die Düsterkeit und das Chaos zurückkehren, die ich für immer hinter mich gebracht zu haben glaubte.

Das Taxi bog in die Seitenstraße ein, die steil zum teuersten Viertel der Stadt hinaufführte. Protzige Villen wechselten sich hier mit imposanten Bungalows ab, die allesamt für einen Mathematiker mit meinem Gehalt nicht im Entferntesten erschwinglich waren. In meinem jetzigen Zustand entzückte mich die Aussicht auf lockere Gespräche mit den Reichen dieser Erde nicht besonders; aber alles war besser, als in dieser Stimmung heimzugehen.

Ich bezahlte den Taxifahrer und schritt um das Haus herum in den Garten. Auf der obersten von mehreren Terrassen, die Stan und Ann vor kurzem von einem bekannten Landschaftsgärtner hatten anlegen lassen, blieb ich stehen und ließ den Blick über die Szene unter mir schweifen: Stilvoll gekleidete Damen schlenderten in Zweier- oder Dreiergruppen über die Natursteinplatten und nippten an ihren Cocktails, während sie lauthals die Blumenpracht am Rande der romantischen Teiche bewunderten. Die meisten Gäste hatten sich bereits nach unten begeben, wo sie einige auf dem weitläufigen Rasen aufgestellte Picknicktische voller Speisen und Getränke umschwärmten. Stan hatte sich eine Kochschürze umgebunden und schüttete gerade einen Beutel Holzkohle auf einen übergroßen Grill. Die ganze Szene war in das weiche, orangerote Licht eines Sommerabends getaucht, in dem alle eine makellose Haut zu haben scheinen und vollkommen sorglos aussehen.

Ich schnüffelte an meinem Hemd: Für eine Party im Freien war es noch frisch genug, vor allem, wenn man bedachte, was ich heute schon mitgemacht hatte. Dennoch kam ich mir lächerlich vor, wie ich so dastand, eine schäbige Plastiktüte in der einen Hand, die andere verbunden, Daumen nach oben, als wollte ich allen die Hand schütteln. Ich hätte ein Obdachloser sein können, der sich beim Herumwühlen in einem Mülleimer mit der Hand an einer Konservendose geschnitten hatte und sich jetzt bei den menschenfreundlichen Ärzten für die kostenlose Behandlung, die sie ihm hatten zukommen lassen, bedanken wollte. Ich erwog gerade, ob ich mich nicht mucksmäuschenstill verdrücken sollte – bislang hatte mich noch niemand bemerkt –, als Ann mit einem Tablett voller appetitlich aussehender Häppchen aus der Küche trat.

«Mein Gott, Isaac. Was ist passiert?»

Ich erzählte ihr die ganze Geschichte, während wir die kurvigen Pfade hinabspazierten. Ab und zu blieben wir kurz stehen, wenn sie ein paar Einzelheiten hören wollte. Voller Neugier bemühten sich die Damen, die um uns herum die Gartenluft genossen, Gesprächsfetzen aufzuschnappen; die Tapfersten unter ihnen näherten sich uns, um sich nach anfänglichem Zögern schnell einen fischförmigen Cracker mit Kaviar oder Krabbensalat von Anns Tablett zu nehmen, doch sie waren zu diskret, um offen zu lauschen. Als wir den Rasen unten im Garten erreichten, wurde ich, der mysteriöse, verwundete Gast, der die Zeit der Gastgeberin so lange beansprucht hatte, von vielen Leuten angegafft.

«Was für eine Geschichte, Isaac!», rief Ann so laut, dass jeder es hören konnte.

Als Stan seine schwarzen Hände an der Schürze abwischte und auf mich zutrat, um mich zu begrüßen, folgten andere seinem Beispiel. Ehe ich mich versah, hatte ich meine Geschichte ein zweites Mal erzählt, jetzt einer ganzen Menge von Leuten.

Vales Wutausbruch stellte offensichtlich eine willkommene Abwechslung vom üblichen Small Talk über Karriere, Eigentumswohnungen und Babys dar. Je weiter ich mit meiner Geschichte vorankam, desto mehr Leute lösten sich aus den übrigen Gesprächsgruppen, um sich dem immer größer werdenden Kreis um mich herum anzuschließen. Es war traurig, doch meine Verwundung brachte mir einen höheren Status und mehr Respekt ein, als mir jemals zuteil geworden war, wenn ich von der Mathematik erzählt hatte. Sogar Vernon Ludlow hörte aufmerksam zu, und seine Frau, die mir bei der letzten Party nur vernichtende Blicke zugeworfen hatte, schaute mich nun – wie viele andere Frauen auch – voller Bewunderung und Ehrfurcht an. Und als ich den Verband wechseln musste, brauchte ich gar nicht erst um Hilfe zu bitten; Stan und einige andere Ärzte hatten sich spontan gemeldet.

Als ich an dem Punkt angekommen war, wo Inspector Hutchinson mich verhörte, reichte Ann mir ein Glas Bowle mit Früchten. Nachdem Stan mir versichert hatte, dass mir ein bisschen Alkohol nicht schaden könne, setzte ich das Glas dankbar an meine trockenen Lippen. Es war keine leichte Sache, mit nur einer Hand zu trinken: Ich konnte das Löffelchen nicht aus dem Glas nehmen, so dass ich mit meiner Wange dagegen stieß, und als ich an das Glas tippte, um die Fruchtstückchen, die am Rand hingen, zu lösen, fielen sie mir zusammengeklumpt auf die Lippen, so dass mir die Flüssigkeit übers Kinn lief und auf mein Hemd tröpfelte. Doch sogar diese Ungeschicklichkeit wurde heute Abend willkommen geheißen: Eine Frau zog ein Taschentüchlein aus ihrer Tasche, eine andere hielt mein Glas fest, während eine dritte mein Hemd säuberte.

Ich erzählte, wie der Kommissar beide Fassungen der Wilde-Zahlen-These als Beweismaterial mitgenommen hatte, und berichtete anschließend von Larrys schmerzlicher Entdeckung eines Fehlers auf der ersten Seite meines Beweises. Diese Katastrophe hatte ich als absoluten Höhepunkt geplant, doch der Glanz in den Augen meiner Zuhörer verblasste nun rasch. Das hätte ich mir eigentlich denken können. Wir waren wieder bei der Mathematik angelangt, eine abstrakte, dröge Antiklimax nach einer spannenden Geschichte über Wahnsinn und Gewalt. Dieser mir nur allzu bekannte Mangel an Begeisterungsfähigkeit ließ mich kalt; es traf mich jedoch in meinem tiefsten Inneren, als Stan wieder zu seinem Grill zurückkehrte, ohne mir zum Tod meiner These sein Beileid ausgesprochen zu haben. Von einem Freund hätte ich mehr Mitgefühl erwartet, jedenfalls von einem Freund, der mich mitten in der Nacht in meinem Apartment besucht und ermutigt hatte, meine Erkenntnisse ernst zu nehmen. Genauer gesagt war er es sogar gewesen, der mir geraten hatte, meine These Dimitri zu zeigen und nicht Larry. Eine irrationale Wut stieg in mir hoch, als wäre Stan schuld an Dimitris Irrtum und an allen anderen Ereignissen. Glücklicherweise wurde meine Aufmerksamkeit in diesem Augenblick von einem Partygast in Anspruch genommen, der sich nach Vales Verhalten zu Anfang des Jahres erkundigte. Das langweilige mathematische Intermezzo wurde mir vergeben, und mein Groll gegen Stan sank in sich zusammen.

Mein Bericht lieferte den Anstoß für allerlei Anekdoten über Menschenbisse. Keiner der anwesenden Ärzte hatte bisher mit ihnen zu tun gehabt, einer von ihnen erinnerte sich aber an eine Geschichte von einem eifersüchtigen Dreikäsehoch, der seinen jüngeren Bruder so herzhaft in die Wange gebissen hatte, dass dieser blutete, ein anderer erinnerte sich an den Fall eines abgebissenen Ohrläppchens. Als die Beispiele aus der Wirklichkeit ausgeschöpft waren, suchten die Gäste Zuflucht in der Fiktion. Eine Frau beschrieb eine furchtbare Szene aus einem Film, den sie irgendwann einmal gesehen hatte, in der jemandem die Nase abgebissen wurde. Das erinnerte Vernon Ludlow an eine lustige Gruselkomödie, in der eine Kannibalin unersättlichen Hunger auf die «Du-weißt-schon» ihrer männlichen Opfer hatte.

Ich ging zur Bar, um mir noch etwas zu trinken zu holen, aber auch um erst einmal zur Ruhe zu kommen. Ich blieb nicht lange allein. Ein neuer Kreis bildete sich um mich herum und verlangte eine Erklärung für meine Verwundung. Je häufiger ich meine Geschichte erzählen musste, desto abstrakter wurden die Ereignisse dieses Nachmittags, als wäre nicht ich das Opfer, sondern stünde über dem Geschehenen. Verspielt setzte ich nun rhetorische Mittel ein: An den entscheidenden Stellen legte ich eine Pause ein, spannte mein Publikum mit Abschweifungen auf die Folter und vermied eine Antiklimax, indem ich den Fehler in meiner These nicht mehr erwähnte. Unter den Zuhörern befand sich auch eine attraktive Brünette in einem schwarzen Kleid, die meinen Kunstgriffen mit einem verschwörerischen Lächeln lauschte, als wüsste sie, dass ich einen Teil der Wahrheit verschwieg. Zuerst erkannte ich sie nicht, dann aber sah ich, dass es Betty Lane war. Sie sah viel freundlicher und schöner aus als auf der letzten Party; ihr Leben hatte wohl eine Wende zum Positiven genommen. Vielleicht hatte sie einen neuen Mann kennengelernt. Ich war jedoch zu sehr mit meiner eigenen Geschichte beschäftigt, um mich nach ihrer zu erkundigen.

Nach einer Weile kam Stan zu mir herüber. Er hielt den Zeitpunkt für gekommen, den Verband zu wechseln. Die Holzkohle war noch nicht heiß genug, um mit dem Grillen zu beginnen, und er hatte gerade nichts anderes zu tun.

Wir gingen in das größte ihrer drei Badezimmer, wo er meine Aufmerksamkeit mit einer weit ausholenden Handbewegung auf die lachsfarbenen Fliesen lenkte, wobei er vergaß, dass er sie mir bereits bei meinem letzten

Besuch gezeigt hatte. Ich nahm auf dem Stuhl vor Anns Make-up-Spiegel Platz.

«Du bist heute Abend der strahlende Mittelpunkt unserer Feier», sagte er lachend, während er den Verband abwickelte. «Du solltest dir häufiger eine Verletzung zuziehen.»

Ich musterte mein erschöpft aussehendes Spiegelbild und fühlte mich wie ein Komiker während der Pause. Jetzt, da ich weit weg von der Menschenmenge und mit einem Freund allein war, verloren die Ereignisse des Nachmittags ihren erheiternden Charakter und nahmen wieder ihre ursprüngliche grimmige Gestalt an. Und das Ergebnis war noch immer dasselbe. «Selbst wenn ich heute Abend der strahlende Mittelpunkt bin», sagte ich, «bringt das meine These noch lange nicht wieder zum Leben.»

«Ist der Schaden nicht zu beheben?»

Ich schüttelte trübsinnig den Kopf.

«Dann hattest du also doch Recht damals, als ich mitten in der Nacht bei dir vorbeikam. Recht, dass du Unrecht hattest.»

«In der Tat. Und Dimitri, der russische Mathematiker, den ich auf deinen Rat hin ins Vertrauen gezogen habe, hat den Fehler noch nicht einmal bemerkt.» Wieder begann die Wut in mir zu kochen, zuerst auf Stan, jetzt aber auch auf Dimitri. Warum hatte er den Fehler nicht gesehen? Warum?

«Wir machen alle mal einen Fehler», sagte Stan und zuckte mit den Schultern. «Manchmal stellt ein ganzes Team von Fachärzten eine falsche Diagnose. Das hat schon den einen oder anderen Patienten das Leben gekostet.»

Sein Ton blieb oberflächlich. Ein Patient gestorben?

Schade um ihn, darf nicht noch mal passieren. Damit war, was Stan anging, das Thema erledigt. Er warf den schmutzigen Verband weg und drehte meine Hand zum Licht hin. Dann schälte er den viereckigen Gazebausch ab, der sich durch das geronnene Blut braun gefärbt hatte. Die Salbe, mit der mir Doktor Greenwood die Hand eingerieben hatte, war zu gelben Krusten getrocknet. Durch die Risse konnte man das raue Rosa der Wunde sehen. Vorsichtig drückte Stan an verschiedenen Stellen auf die anliegende Haut.

«Nur eine ganz geringe Schwellung», stellte er fest. «Ich leg dir jetzt einen neuen Verband an. Den kannst du ruhig bis morgen früh drauflassen.»

Das erneute Reinigen und Verbinden der Wunde war schmerzhafter, als ich erwartet hatte. Nachdem ich eine weitere Schmerztablette eingenommen hatte, trottete ich hinter Stan her zurück zur Party. Meine Schritte waren unsicher und schwach.

Ich bahnte mir einen Weg durch die Menge zu einem Tisch, an dem Frau Ludlow mir noch ein wenig Bowle in ein Glas füllte – diesmal ohne Früchte.

Ganz in der Nähe unterhielt sich ein schwules Pärchen im Flüsterton. Sie nickten amüsiert in Richtung meiner verbundenen Hand.

«Wir haben uns gerade gefragt, wie oft du wohl schon erklären musstest, was passiert ist», bekannte der größere der beiden.

«Sechs, siebenmal.»

«Könntest du es noch ein letztes Mal erzählen?», bat sein Freund. «Leon und ich sterben beinahe vor Neugier.»

Brav fing ich noch einmal von vorne an. Meine Kehle

war so trocken, dass es weh tat; als ich einen Schluck von der Bowle nahm, schmeckte ich nur den Alkohol. Ich konnte kaum atmen, und der Boden unter meinen Füßen schien zu schwanken.

Leon legte mir eine Hand auf den Arm. «Du bist ein wenig blass um die Nase, mein Lieber. Setz dich doch besser hin.»

«Schon in Ordnung, danke!», rief ich, als könnte es mir helfen, das Gleichgewicht zu wahren, wenn ich mit erhobener Stimme sprach. «Und dann kletterte Herr Vale auf meinen Schreibtisch und schrie: ‹Verräter! Verräter!›»

«Huch, ist das vielleicht gruselig!»

«Und dann trat er gegen einen Papierstapel – die Forschungsergebnisse eines ganzen Jahres –, so dass diese im ganzen Zimmer herumflatterten ...»

«Nein, wie furchtbar!»

«Aus dem Weg!», rief Ann. Die Menge teilte sich, um sie durchzulassen. «Pardon!» Mit einer Schale voller dicker Fleischstücke strebte sie auf den Grill zu.

Als das rohe Fleisch in Augenhöhe an mir vorüberschwebte und mir ein fader, süßlicher Geruch in die Nase stieg, begann die Welt sich auf einmal zu drehen. Gesichter verschmolzen ineinander, lachende Münder reihten sich zu einer langen Kette glänzender Zähne aneinander. Betty Lanes nackte Schulter verwandelte sich in Leons Hand, die ein Glas festhielt, und dann in einen anonymen Schuh – und mit einem Mal wurde alles schwarz.

«Isaac! I-saac!»

Etwas hielt mich davon ab, mich umzudrehen, um der rauen Stimme zu entkommen. Widerwillig öffnete ich die Augen. Stan tätschelte mir mit beiden Händen sanft die Wangen. Er hatte sich neben mich hingekniet; ich lag auf der Wiese und war verwirrt. Neugierige Gäste umringten uns. Ihre Gesichter waren im Gegenlicht und im blauen Rauch des Grills kaum zu erkennen. Stan legte mir eine Hand in den Nacken und half mir beim Aufstehen. Er hielt mir ein Glas Wasser an die Lippen und ließ mich ein paar kleine Schlucke trinken.

«Du bist ohnmächtig geworden», sagte er. «Wir bringen dich am besten rein und legen dich aufs Bett.»

Ich schüttelte den Kopf. «Ich möchte nach Hause.»

«Ich weiß nicht, ob das so eine gute Idee ist. Warum bleibst du heute Nacht nicht hier?»

«Nein.» Ich schob seine helfende Hand beiseite und rappelte mich auf. Als ich ein paar Schritte machte, wichen die vor mir stehenden Gäste unsicher lächelnd zurück.

«Ich möchte nach Hause», sagte ich zu ihnen.

«Okay.» Stan legte mir einen Arm um die Schultern. «Ich bringe dich schnell in dein Apartment. Vernon, könntest du dich um das Fleisch kümmern, bis ich wieder da bin?»

«Nein, lass nur, Stan», sagte eine Frauenstimme, die mir bekannt vorkam. «Ich bringe Isaac nach Hause.» Es war Betty Lane.

Bevor ich wusste, wie mir geschah, saß ich bei ihr im Wagen. Ich war erschöpft, der Schmerz in meiner Hand meldete sich wieder. Aber als Betty sich über mich beugte, um mich anzugurten, erwachte allen Schmerzen zum Trotz ein altes Verlangen in mir. Ein wohliges Gefühl von

Vorlust durchflutete mich – und für einen kurzen Augenblick fragte ich mich, ob hinter Bettys Fürsorge nicht der Versuch steckte, mich zu verführen.

«Nett von dir, mich nach Hause zu bringen.» Meine Stimme klang belegt.

«Ich stehe noch bei dir in der Kreide.»

Wir fuhren schweigend an den Häusern der Reichen vorbei und tauchten in das Lichtermeer, in dem die Normalsterblichen versuchen, das Beste aus ihrem Leben zu machen.

«Weißt du, Isaac», sagte Betty plötzlich, «dass du vorhin ohnmächtig geworden bist, war vielleicht das Schlaueste, was du tun konntest. Diesen Leuten war es scheißegal, wie du dich gefühlt hast; die Hauptsache für sie war, dass du für Unterhaltung gesorgt hast.»

«Ja, da könntest du Recht haben.» Unwillkürlich erinnerte ich mich, wie kühl alle reagiert hatten, als ich ihnen von dem Fehler in meinem Beweis erzählt hatte.

«So sind die Menschen nun einmal. Sie laben sich an den zarten Teilen deines Elends und werfen den Rest weg, so dass du letzten Endes noch schlechter dran bist. Ich hab furchtbar viel Zeit vergeudet, das zu durchschauen. Ich hoffe nur, dass du nicht denselben Fehler machst.»

«Ich werde aufpassen», versprach ich ihr ausweichend.

«Ich weiß nicht. Vielleicht hältst du mich für zynisch. Aber meiner Meinung nach ist es effektiver, sich an den eigenen Haaren aus dem Sumpf zu ziehen, als auf Sympathiebekundungen zu hoffen und immer wieder enttäuscht zu werden.»

«An der nächsten Ampel rechts.»

Daraufhin verfielen wir wieder in Schweigen. Obwohl

ich unentwegt auf die Straße vor uns starrte, spürte ich, dass Betty mich von der Seite ansah.

«Weißt du, Isaac», hob sie erneut an. Ihr Ton war nun sanfter, sogar verlegen. «Als ich dir gerade gesagt habe, dass ich noch bei dir in der Kreide stehe, meinte ich nicht nur die Mitfahrgelegenheit. Ich muss mich noch bei dir für mein Verhalten auf der letzten Fete entschuldigen.»

«Absolut nicht nötig.» Der Zwischenfall, der ihr Gewissensbisse verursacht hatte, schien eine Ewigkeit zurückzuliegen.

«Finde ich schon. Im Nachhinein hab ich mich in Grund und Boden geschämt. Am nächsten Tag hätte ich Ann beinahe nach deiner Telefonnummer gefragt, hab mich aber dann doch nicht getraut. An jenem Abend fühlte ich mich beschissen. Eigentlich hatte ich auf dieser Party nichts zu suchen. Ich hab mir aber gedacht: Wenn ich mich wie ein Häufchen Elend in eine Ecke stelle, kommen die Leute von selbst auf mich zu. Natürlich haben sie mich wie die Pest gemieden, bis Ann wieder mal die Kupplerin raushängen ließ und uns beide miteinander bekannt machte. Ich sehnte mich zum Verrücktwerden nach einer Schulter, an der ich mich so richtig ausheulen konnte, hatte die Hoffnung inzwischen aber schon aufgegeben. Ich hasste alles und jeden, und das hab ich an dir abreagiert.»

Bettys Bekenntnis rückte auch die übrigen Ereignisse jenes verhängnisvollen Tages wieder schärfer ins Bild. Während sie fortfuhr, sich für ihr Verhalten in meinem Wagen zu entschuldigen, spulte ich den bewussten Abend ein Stückchen vor: Ich sah wieder, wie ich Betty vor ihrem Elternhaus absetzte und deprimiert nach Hause fuhr, wie ich mich vor den Fernseher hockte und anschließend zum ersten Mal seit Monaten wieder mein Arbeitszimmer betrat. In Zeitlupe erlebte ich noch einmal den fatalen Augenblick, in dem ich die *Proceedings of the Third International Congress on Mathematics* in die Hand nahm, um Heinrich Riedels Beweisführung zu den zahmen Zahlen nachzuschlagen. Dieser Augenblick markierte den Beginn meiner sinnlosen Auseinandersetzung mit den wilden Zahlen. Wenn es nicht dieser Augenblick war, dann war es ein früherer Zeitpunkt an eben jenem Tag gewesen, als Herr Vale mein Büro verließ, nachdem er mich mit seinen aberwitzigen Theorien entnervt hatte. Danach nämlich war mir die Idee gekommen, Dimitris neues Verfahren auf das alte Wilde-Zahlen-Problem anzuwenden. Nun wurde ich erneut von einem Geistesblitz getroffen, von einem Blitz der vernichtenden Sorte, der eine Landschaft ausradiert, statt sie dem Blick zu öffnen. Mir wurde klar, dass der Keim meines verhängnisvollen Fehlers bereits in jenem ersten Augenblick der Eingebung beschlossen lag, da es einzig und allein meiner leichtfertigen Nichtbeachtung der Eigenschaften der Kalibratormenge zu verdanken war, dass ich überhaupt einen gewissen Fortschritt verbucht hatte.

Ich fragte mich, was geschehen wäre, wenn ich an jenem Abend Bettys schroffes Verhalten durchschaut und ihr die Schulter angeboten hätte, nach der sie sich so sehr gesehnt hatte. Möglicherweise hätten wir den Rest der Nacht gemeinsam im Bett verbracht, zumindest aber wäre ich zufrieden über meine gute Tat nach Hause gefahren und hätte mich gleich schlafen gelegt, statt mich auf das Problem der wilden Zahlen zu stürzen. Vielleicht wäre mir auf diese Weise die große Enttäuschung erspart geblieben. Ich schreckte aus meinen Gedankengängen hoch, als mir klar wurde, dass Betty schon eine Zeit lang nichts mehr gesagt hatte, weil sie offenbar erwartete, dass ich in irgendeiner Form auf ihr Bekenntnis reagierte.

«Wie bitte?»

«Ich hab dich gefragt, ob es noch geht.»

«Ja, ja. Kein Problem.»

Wir waren inzwischen in meinem Viertel angelangt. Betty hatte Recht: Manchmal ist es besser, seinen Schmerz für sich allein zu verarbeiten und nicht in Gesellschaft anderer. Das Gefühl der Traurigkeit, das mich so häufig überfiel, wenn ich mich meinem Apartment näherte, spendete mir an diesem Abend mehr Trost als alle mitfühlenden Gäste von Stan und Ann zusammen. Ich hätte gleich hierher fahren sollen, hier gehörte ich hin. Alles trauerte um das Ableben meiner These: die einfachen Häuserreihen, die schweigend zuschauten, wie der Leichenwagen vorbeifuhr, das Leuchtstofflicht der Straßenlaternen, vor Mitgefühl zitternd, die Bäume, die, außer sich vor Trauer, ihre Äste in die Höhe streckten ...

«Nach rechts», sagte ich, «und die nächste, direkt hinter dem Lebensmittelgeschäft, wieder rechts.»

Als ich das mehrstöckige Haus, in dem ich wohnte, am Ende der Straße sah, verspürte ich einen Kloß im Hals. Das war die traurigste aller Stellen, ein trauriges und einsames Gebäude, das aus traurigen und einsamen Einheiten, *bachelor units*, bestand, Reihe für Reihe für Reihe. In manchen brannte Licht, in anderen nicht. Balkon für Balkon für Balkon – alle identisch; dennoch wurde mein umherirrender Blick von einem ganz bestimmten Balkon im fünften Stock angezogen, um anschließend an dem dunklen Viereck meines Schlafzimmerfensters hängen zu bleiben.

Betty hielt nicht vor der Eingangstür, sondern fuhr auf den Parkplatz seitlich vor dem Gebäude.

«Ich komm noch kurz mit rauf», erklärte sie. Als sie meinen überraschten Blick auffing, musste sie herzlich lachen. «Nur um sicherzugehen, dass du dein Apartment mit heiler Haut erreichst. Du könntest im Aufzug ja leicht wieder ohnmächtig werden.»

Nachdem sie mir beim Aussteigen behilflich gewesen war, legte Betty ihren Arm um meine Taille, um mich zu stützen, und wie selbstverständlich legte auch ich einen Arm um ihre Taille. Meine verbundene Hand wies nach vorn, wie um die Richtung vorzugeben, der wir folgen mussten, meine andere Hand aber kam auf ihrer Hüfte nicht ganz zur Ruhe; in der leichten Erregung, die Besitz von mir ergriffen hatte, geriet ich eher aus dem Gleichgewicht, als dass ich Halt gefunden hätte. Die Augen halb geschlossen, ließ ich es zu, dass Betty mich um das Gebäude herum führte. Als wir durch eine warme Dampfwolke kamen, die aus dem Lüftungsgitter des Waschraums im Keller quoll, sah ich weiter vor uns jemanden auf dem Bürgersteig liegen: Herrn Vale. Die Sanitäter mussten es sich auf dem Weg ins Krankenhaus anders überlegt und ihn hier abgeladen haben, da ja schließlich ich für ihn verantwortlich war und nicht sie. Erst als wir näher kamen, erkannte ich, dass es lediglich eine alte Regenjacke war, die da auf der Straße lag.

Im Aufzug wippte ich von einem Fuß auf den anderen

und versuchte, Bettys Gesicht zu fokussieren. Manchmal hatte sie nur ein Auge, dann wieder drei. Nachdem sie mir beim Öffnen meiner Apartmenttür geholfen hatte, überreichte sie mir die Plastiktüte mit den Mullbinden.

Ihr Gesicht war nun ein sanfter Schleier. Ich beugte mich nach vorn, um sie auf die Wange zu küssen, zielte aber ungenau und war angenehm überrascht, als ich ihre feuchten Lippen an meinem Mundwinkel fühlte. Ich schloss die Augen und lehnte mich mit meinem ganzen Gewicht gegen sie.

Sanft, aber entschieden schob sie mich zurück. «Glaubst du, dass du es schaffst, oder brauchst du Hilfe, um ins Bett zu kommen?» Sie sagte es in dem Tonfall einer Krankenschwester, der wenig Spielraum für Missverständnisse lässt.

«Nein, danke. Wird schon schief gehen.»

«Na dann gute Nacht, Isaac, und gute Besserung.» Sie gab mir einen flüchtigen Kuss auf die Wange, drehte sich um und ging zum Fahrstuhl.

Plötzlich war ich allein in meinem Apartment. Aus Angst, Angst zu bekommen, machte ich überall Licht. Ich öffnete alle Schranktüren, als müsste ich mich davon überzeugen, dass sich niemand darin versteckt hatte. Licht oder kein Licht, meine Wohnung war geradezu verhext: In jedem Fenster und auf jeder Möbelkante saß ein grinsender Larry. Dimitri war auch da, ein trauriger Schatten, der sich jedes Mal, wenn ich ein Zimmer betrat, zurückzog. Hinter Türen oder in Schränken zu kontrollieren, ob Herr Vale da sei, war nicht nötig. Er war viel, viel näher. Der Schmerz in meiner Hand war ein Abdruck seiner Zähne, und aus diesem Schmerz schien auch seine übrige Gestalt zu entspringen. Das Gewicht meines erschöpften Körpers verwandelte sich in sein Gewicht, das mich erneut auf den Boden drückte. Nur mit sehr viel Mühe gelang es mir, mich auszuziehen. Ich hüpfte eine Weile auf einem Bein herum, bis ich endlich meine Hose ausgezogen hatte. Die Deckenlampe ließ ich an, als ich ins Bett kroch. Während ich langsam einschlummerte, verwandelte sich das Bett in ein Floß, das auf dem Ozean vor sich hin dümpelte. Ich spürte die Wärme der Sonne, die rot durch meine geschlossenen Lider schien. Doch lag auch ein Hauch von Kühle in der Luft, als wäre die Sonne im Untergehen begriffen. Da tauchte eine riesige Bestie aus der Tiefe auf, deren Kiefer sich um meine Hand schlossen, um mich vom Floß zu zerren und mit auf den Meeresgrund hinunterzuziehen.

11

AM NÄCHSTEN MORGEN wurde ich in aller Frühe vom Klingeln des Telefons aus einem tiefen, traumlosen Schlaf gerissen. Ich stand auf und torkelte ins Wohnzimmer. Als ich den Hörer abnahm, meldete sich Larry.
«Hast du es schon gesehen?», fragte er aufgeregt.
«Hab ich was schon gesehen?»
«Wir stehen auf der ersten Seite der *Chronicle*!»
«Oh.»
Die Ereignisse des gestrigen Tages durchfluteten mein Bewusstsein wie eine Welle eiskalten Wassers und ich war auf einen Schlag hellwach.
«Ich hab mir gedacht, ich ruf dich zur Sicherheit kurz an.»
«Ja, danke.»
«Wir hören noch voneinander.»
Ohne sich nach meinem Befinden zu erkundigen, legte er auf.
Ich ging ins Badezimmer, um die Wunde zu versorgen. Meine Neugierde war stärker als die Angst, und vorsichtig wickelte ich die Mullbinde ab. Ich hielt den Atem an, als das Ende an der Wunde kleben blieb und ich ein wenig fester ziehen musste. Obwohl die Bisswunde wirklich

hässlich aussah, war der Schmerz erträglicher geworden. Indem ich mich mit dem Handgelenk auf den Rand des Waschbeckens stützte, gelang es mir, die Wunde zu waschen und einen neuen Verband anzulegen. Ich musste allerdings große Geduld aufbringen. Als ich fertig war, spendierte ich mir eine Schmerztablette. Vielleicht hätte ich nicht unbedingt eine gebraucht, aber dieser Tag würde ohnehin schwer genug werden.

Nachdem ich den Tisch gedeckt und die Kaffeemaschine angeworfen hatte, ging ich zu dem Lebensmittelgeschäft an der Ecke und kaufte mir eine Zeitung. «STUDENT BEISST DOZENT» lautete die reißerische Schlagzeile, wenn auch von bescheidener Schriftgröße und -art. Der Artikel erstreckte sich über zwei halbe Spalten – eine unterhaltsame Anekdote von lokaler Bedeutung, eingeklemmt zwischen die jüngsten Entwicklungen im In- und Ausland. Ich steckte mir die Zeitung unter den verletzten Arm und holte den abgezählten Betrag, den ich mir bereits zu Hause zurechtgelegt hatte, aus der Hosentasche, wobei ich dem neugierigen Blick des Ladeninhabers auswich. Auf dem Rückweg klopfte mir die ganze Zeit das Herz bis zum Hals, doch ich wartete mit der Lektüre, bis ich am Frühstückstisch saß und die schlechten Nachrichten mit Kaffee runterspülen konnte.

Ein Mathematikdozent wurde gestern Nachmittag in seinem Büro von einem hochgradig geistesgestörten Studenten angegriffen, der ihn verdächtigte, ein Plagiat begangen zu haben. Die Probleme hatten letztes Jahr im September ihren Anfang genommen, als der

*dreiundfünfzigjährige Leonard Vale, ein
ehemaliger Mathematiklehrer, sich als
Erstsemester an der Universität immatrikuliert
hatte.*

Und so weiter. Alles konnte man in diesem Artikel nachlesen: Vales schwülstige Ausdrucksweise, seine schwere Tasche und das Tonbandgerät, die allwöchentlichen Viertelstündchen und Larrys Weigerung, sich daran zu beteiligen, meine Beschäftigung mit den wilden Zahlen –

*Als Isaac Swift mit seiner Untersuchung des
berühmten ungelösten Problems der wilden Zahlen
begann, konnte er nicht ahnen, wie wild das
Ergebnis dieser Untersuchung ausfallen würde ...*

–, und zwischendurch immer wieder Larrys Kommentar zu der ganzen Affäre:

*«Die Mathematik verfügt in der Tat über etwas
Ätherisches, was schon immer eine gewisse
Anziehungskraft auf verwirrte Geister ausgeübt
hat», erklärt Oberdorfer und fügt hinzu, wenn es
an ihm gelegen hätte, so wäre Vale von Anfang
an der Zutritt zum Campus verweigert worden.*

Es schloss sich eine farbige Beschreibung des Geschehens in meinem Büro an. Anita Schreyer hatte wirklich ihr Bestes gegeben. Infolge ihres Berichtes nahm der Schmerz in meiner Hand in einem Maß zu, als wäre ich erneut gebissen worden. Wie man mit Larry als Hauptinformationsquelle erwarten konnte, wurde seine Rettungsaktion in den Formulierungen eines Heldenepos gefeiert. Die Art der Verletzungen von Herrn Vale war für mich die einzig wirklich neue Information:

> *Vale wird momentan im Krankenhaus behandelt. Er hat sich bei dem Zusammenstoß mit Oberdorfer einen gebrochenen Kiefer, eine schwere Gehirnerschütterung und möglicherweise eine Hirnverletzung zugezogen. «Ich hatte keine andere Wahl», so rechtfertigt der junge, athletische Mathematikdozent seine drastischen Maßnahmen. «Entweder er oder ich.»*

Erschaudernd rief ich mir die schrecklichen Geräusche, die ich gehört hatte, als ich blutend unter meinem Schreibtisch gelegen hatte, sowie Dimitris Worte in Erinnerung, der gerufen hatte: «Jetzt reicht es aber, Larry! Du schlägst ihn ja noch tot!»

Das Datum für Vales Prozess stehe noch nicht fest, aller Wahrscheinlichkeit nach aber werde man ihn für unzurechnungsfähig erklären und seine Zwangseinweisung in eine Nervenheilanstalt anordnen. Der Artikel schloss mit Larrys Entdeckung des grundlegenden Fehlers in meinem Beweis.

> *«Die Ironie des Ganzen ist, dass Vale sich die Mühe hätte sparen können», sagte Oberdorfer. «Swifts Antwort auf das Problem der wilden Zahlen ist nämlich ebenso großer Humbug wie seine eigene.»*

Von Anfang bis Ende war Larry der Held der Geschichte: der einzige Angehörige der Fakultät, der bei Vale ein unangenehmes Vorgefühl gehabt hatte, der muskelbepackte Held, der mir das Leben rettete, der superkluge Intellektuelle, der den Fehler in meinem Beweis entdeckte. Und es stimmte auch noch alles – genau wie seine letzte Bemerkung, dass Herr Vale sich die Mühe hätte sparen können.

Eigentlich hätte ich in diesem Augenblick vor Scham sterben müssen. Statt dessen setzte ich in aller Ruhe mein Frühstück fort. Über mein Debakel zu lesen ließ mich zu meiner eigenen Überraschung kalt. Diese Unaufgeregtheit wiederum bereitete mir Sorgen. Ich war mir sicher, dass die üblen Folgen meines Fehlers noch über mir zusammenschlagen würden. Ich fühlte mich, als würde ich nach einem Erdbeben wieder aufs glatte Meer hinausblicken und auf die alles zerstörende Flutwelle warten. Die Frage war nur: wann?

Die zweite Tasse Kaffee trank ich auf dem Balkon – es war schon wieder ein wundervoller Sommertag –, und ich hielt über den Park hinweg Ausschau nach dem Fernsehturm in der Ferne. Rot, weiß, rot ... Ich fragte mich, wie diese blinkenden Strahler mich jemals zu tiefsinnigen Gedanken hatten inspirieren können. Das Läuten des Telefons riss mich aus meinen fruchtlosen Grübeleien.

Es war meine Mutter. Sie hatte in der Zeitung von meinem Missgeschick gelesen und war ziemlich durcheinander. «Mein armer Junge», wiederholte sie ein ums andere Mal. Witzig: Mit genau diesen Worten hatte sie früher Andrew zu trösten gepflegt, wenn er sich wieder einmal eine Verletzung zugezogen hatte. Nachdem ich ihre Sorgen über die Schwere meiner Verletzung ein wenig zerstreut hatte, lud sie mich erneut für den Sonntagabend mit Andrew, Liz und den Kindern ein. Dieses Mal bestand sie auf meinem Kommen, und ich nahm die Einladung – dankbar für jede Form der Ablenkung – zur Abwechslung an.

Kaum war ich auf den Balkon zurückgekehrt, klingelte das Telefon erneut.

«Hallo, ich bin's.»

Aus einer Million Stimmen würde ich noch immer die von Kate heraushören. Auch sie hatte die *Chronicle* gelesen und wollte sich kurz melden. Sorgfältig wählte ich meine Worte und bereitete mich schon auf eine vernichtende psychologische Analyse dieses Zwischenfalls vor, bei der Herr Vale den endgültigen Beweis für ihre Hypothese liefern würde, dass Mathematiker per definitionem wahnsinnig sind. Zu meiner Überraschung wollte sie mir lediglich ihr Mitgefühl ausdrücken. Ihre einzige psychologische Bemerkung richtete sich gegen Larry. Er sei «noch immer so pubertär wie früher» und müsse seine starke Unsicherheit mit Arroganz und Bravour kompensieren. Obwohl ich diese Kritik innerlich genoss, fühlte ich mich verpflichtet, den Kollegen in Schutz zu nehmen. Schließlich hatte er mir das Leben gerettet, und alles, was er in dem Artikel behauptete, war leider wahr. Nach einem kurzen Moment der Stille fragte sie, wie es mir ansonsten so gehe, besonders auf der romantischen Ebene. Unwillkürlich dachte ich an Betty, auch wenn gestern Abend nur wenig passiert war. Kate lachte herzlich über meine vorsichtige Formulierung, dass sich potentiell positive Entwicklungen in dieser Hinsicht andeuteten.

Was sie selbst betreffe, so habe sie seit einem halben Jahr eine Beziehung mit einem ganz lieben, feinfühligen Astronomen («Offenbar habe ich eine Schwäche für exakte Typen!»); ihre Zukunftspläne nähmen «verdammt ernste» Formen an: Heirat, Kinder, alles, was dazugehöre. Nachdem wir unser Liebesleben durchgehechelt hatten, schlug Kate vor, wir sollten uns mal wieder treffen. Um über die guten alten Zeiten zu plaudern. Warum ich sie nicht einfach mal anriefe, wenn ich mich wieder besser fühlte? Es war eine dieser Verabredungen, bei denen beide Seiten davon ausgehen, es werde ohnehin nie zu einem Treffen kommen.

Als ich aufgelegt hatte, verspürte ich eine gewisse angenehme Melancholie. Diese Kate! Nicht dass ich nun über das Ende unserer Beziehung trauerte; es gab aber auch keinen Grund zur Bitterkeit mehr, jetzt, da ihre echte Stimme, wie sich gezeigt hatte, so wenig mit jener Stimme zu tun hatte, die mich damals, als ich an dem Problem der wilden Zahlen arbeitete, heruntergeputzt hatte.

Der nächste, der anrief, war Peter Wong. Ich fragte mich, was er noch von mir wollte. Zuerst hatte ich bei diesem simplen Algebraproblem an der Tafel Mist gebaut, und jetzt war meine Stümperei dank der Presse sogar an die Öffentlichkeit gelangt. Peter wollte rasend gern meinen Beweis sehen, trotz meiner energischen Versuche, ihn davon zu überzeugen, dass dieser total wertlos war. Von den wilden Zahlen sei er nun einmal fasziniert, und auch von misslungenen Lösungsversuchen könne man noch viel lernen.

Fünf Minuten später rief Stan an, um sich nach meiner Hand zu erkundigen und um zu fragen, ob er noch etwas für mich tun könne.

Angela rief an.

Mein Bruder Andrew rief an.

Den ganzen Tag über gab das Telefon keine Ruhe. Mir wurde von so viel Anteilnahme warm ums Herz, doch je mehr Leute anriefen, desto sehnsüchtiger wartete ich auf den einen, ganz bestimmten Anruf. Jedes Mal, wenn es klingelte, hoffte ich, dass er es wäre. Normalerweise war er der Erste, der sich meldete, wenn ein Mitarbeiter krank war oder Probleme hatte. Dimitris Schweigen war ein allzu deutliches Signal für den Grad seiner Verärgerung oder seiner Betroffenheit oder für beides. Sein exzellenter Ruf war durch meine Torheit beschädigt worden; ich hatte ihn zum Mitschuldigen gemacht.

Ich umkreiste das Telefon in der Absicht, ihn anzurufen, als es an der Tür klingelte. Wider besseren Wissens lebte ich auf: Natürlich! Bei einer so ernsten Angelegenheit kam er höchstpersönlich vorbei! Durch die Gegensprechanlage hörte ich jedoch nur einen mir unbekannten Namen. Als ich wenige Minuten später die Tür öffnete, stand mir ein pickliger Teenager mit einem geblümten T-Shirt, auf dem «Blumengeschäft Hermes» stand, gegenüber und drückte mir einen Strauß rosa Nelken in die Hand. Nachdem er vergeblich auf ein Trinkgeld gewartet hatte, verabschiedete er sich kühl und schlurfte zum Aufzug. Zurück in meinem Apartment, entdeckte ich eine Karte, die mit einer rosafarbenen Schleife am Papier befestigt war und auf der in geschwungenen rosafarbenen Lettern «Danke!» stand. Danke? Handelte es sich hierbei um einen blöden Witz, oder war es schlichtweg ein Missverständnis? Als ich die Karte aufklappte, entfuhr mir ein Schrei. «Sehr geehrter Herr Professor Swift» lautete die Anrede. Der Einzige, der sich auf solch eine förmliche Weise an mich wenden konnte, war Herr Vale! In Panik glitt mein Blick über den fein säuberlich geschriebenen Text zur Unterschrift: Clara Vale-Richardson, Vales Schwester. Erst jetzt war ich in der Lage, den ganzen Brief zu lesen:

Sehr geehrter Herr Professor Swift!
Es tut mir schrecklich leid, dass es so enden musste. Worte allein reichen nicht aus, Ihnen zu sagen, wie viel Respekt ich vor Ihnen und Ihren Kollegen habe, die Sie aus reiner Herzensgüte Ihre kostbare Zeit geopfert haben, damit sich eine verlorene Seele etwas weniger verloren fühlt. Ihre Fakultät war meinem Bruder ein zweites Zuhause. In aller Demut bitte ich Sie, ihm wegen der Dinge, die gestern vorgefallen sind, nicht allzu böse zu sein. Er war schon nicht mehr Herr seiner Sinne und war sich seines Tuns nicht mehr bewusst. Wenn jemanden die Schuld an dieser Tragödie trifft, dann mich, denn er war meiner Fürsorge anvertraut, und ich hätte viel früher merken müssen, dass er die Wirklichkeit nicht länger im Griff hatte. Betrachten Sie bitte diese Blumen als unmaßgebliche Geste und demütige Entschuldigung für die Schmerzen, die Sie erlitten haben. Ich wünsche Ihnen rasche Besserung und alles Gute für die Zukunft.
Hochachtungsvoll
                Clara Vale-Richardson

Ihr kurzer Brief bewirkte, dass mir Tränen in die Augen traten. Wenn etwas zu meinem Zusammenbruch führen würde, dann eine Überdosis Mitgefühl, nicht die mathematische Katastrophe, die über mich hereingebrochen war. Ich hatte diese Aufmerksamkeit nicht verdient, ebenso wenig wie Frau Vale-Richardson es verdient hatte, von Schuldgefühlen geplagt zu werden. War ihr überhaupt klar, dass mein Flirt mit den wilden Zahlen die Ursache für den Wutausbruch ihres Bruders gewesen war? Wenn er meine Wilde-Zahlen-These nicht zu Gesicht bekommen hätte, bräuchte er jetzt nicht im Krankenhaus auf seinen Prozess zu warten und wäre nicht dazu verurteilt, möglicherweise den Rest seines Lebens in einer Anstalt zu verbringen.

Um mein Gewissen zu beruhigen, redete ich mir ein, dass, wenn es nicht die wilden Zahlen gewesen wären, etwas anderes irgendwann einmal unausweichlich zu einem Nervenzusammenbruch geführt hätte. Eine plausible Hypothese, die mein Schuldgefühl jedoch nicht verringerte. Herr Vale war übrigens nicht das einzige Opfer meines Fehlers. Ich stellte die Nelken in eine Vase; mit jedem Stiel, den ich ins Wasser gleiten ließ, fühlte ich mich schlechter.

Schon wieder klingelte es an der Tür. «Hallo, hier Betty», krächzte die Gegensprechanlage. Halb versteckt hinter einer vollen Einkaufstüte stand sie kurz darauf vor meiner Tür. Sie sei zufällig ganz in der Nähe gewesen, sagte sie nervös lachend, und habe sich gedacht, ich könnte vielleicht ein paar Vorräte gebrauchen. Ich lud sie ein, hier zu bleiben und mit mir zu essen. Da ich nur über meine linke Hand verfügen und mich in der Küche somit nicht nützlich machen konnte, war sie es schließlich, die für mich kochte. Sie wollte aber meine Entschuldigung, was für ein schlechter Gastgeber ich doch sei, nicht hören. Beim Essen waren wir beide nervös und lachten lauter und häufiger, als es nötig gewesen wäre. Ich konnte es kaum glauben: Anstatt eines einsamen, schmerzerfüllten Tages der Einkehr brachte mir jede Stunde neue Sympathiebekundungen, erhielt ich Blumen als Dank für meine Großzügigkeit und durfte mich schließlich zu meinem ersten Tête-à-tête mit einer Frau seit mehr als einem Jahr an den Tisch setzen.

Nach dem Essen tranken wir unseren Kaffee auf der Couch im Wohnzimmer, wo ich ihr den Artikel in der *Chronicle* zeigte. Statt sich nach Herrn Vale zu erkundigen, wie die meisten das getan hatten, fragte sie mich nach dem Fehler in meiner These. Sie versicherte mir, sie habe zwar nicht viel Ahnung von Mathematik, dafür aber umso mehr von Enttäuschungen und dem unsanften Erwachen danach und könne gut verstehen, wie mir zu Mute sein müsse. In ihrem Eifer, mir dies zu beweisen, zog sie immer wieder Parallelen zwischen meiner verhängnisvollen These und ihrer gescheiterten Ehe. Die Art, in der ich alles geopfert habe, um mich ganz dem Problem der wilden Zahlen zu widmen, erinnere sie daran, wie sie ihren Job aufgegeben habe, um ihrem Mann nach Paris zu folgen. Ich hätte mir weisgemacht, dass glorreiche Zeiten anbrechen würden; sie habe sich weisgemacht, dass ihre Beziehung neue Impulse erhalten würde. Ich hätte die am deutlichsten ins Auge springenden Eigenschaften der Kalibratormenge, von der mein ganzer Beweis abhing, übersehen; sie habe die am deutlichsten ins

Auge springende Eigenschaft ihres Mannes übersehen, dass er nämlich ein unzuverlässiges Schwein sei.

Gerade als die Übereinstimmungen zwischen den Scherben unserer geplatzten Träume auszugehen drohten und das Gespräch ins Stocken geriet, klingelte erneut das Telefon. «Mein Sohn», klang es erstickt. Zuerst dachte ich, es sei endlich Dimitri. Es war jedoch mein Vater, der mich aus seinem Urlaubsort auf Yukatan anrief. Er habe an der Rezeption seines Hotels eine Ausgabe der *Chronicle* gefunden und diese am Swimmingpool gelesen. Dass sein eigener Sohn von einem Psychopathen derart grausam überfallen worden sei! Sein eigenes Fleisch und Blut, sein Sohn, der – er sehe es vor sich, als wäre es erst gestern gewesen – sich auf seine Knie gesetzt und ihm schwierige Fragen über negative Zahlen und die Unendlichkeit gestellt habe. Ich vermutete stark, dass sein Ausbruch väterlicher Gefühle die Folge von ein paar Margheritas zu viel war. Dennoch war es schön, seine Stimme zu hören, selbst als er in die obligaten Schuldbekenntnisse verfiel, die ich von seinen Weihnachtskarten her so gut kannte: Er habe viel zu lange nichts mehr von sich hören lassen, und es sei ihm nur allzu klar, dass er kein idealer Vater gewesen sei, doch er liebe mich, und darum gehe es doch, nicht wahr?

Nachdem ich aufgelegt hatte, wussten Betty und ich uns wirklich nichts mehr zu sagen. Doch mitten in dieser spannungsgeladenen Stille, in der wir den Blicken des anderen auswichen, legte Betty ihre Hand auf mein Knie.

Sie blieb über Nacht. Verletzt wie ich war, wurde es keine aufregende Sache. Das Einzige, was passierte, war, dass sie sich an mich schmiegte. Doch das war wunderschön. Während ich langsam einschlummerte, schwerelos und rosig von Liebesgefühlen, kam es mir vor, als wäre die mathematische Katastrophe, die sich vor so kurzer Zeit ereignet hatte, Lichtjahre von uns entfernt. Und doch hatte ich es vor allem dieser Katastrophe zu verdanken, dass ich nun mit einer Frau im Bett lag, als wäre ich durch die Wucht der Explosion in diese liebliche Ecke des Weltalls geschleudert worden.

Am nächsten Morgen schlug ich in meinem Eifer, die Atmosphäre des vorigen Abends wieder heraufzubeschwören, vor, Champagner zum Frühstück zu trinken. Die Flasche, die ich zu der Grillparty bei Stan und Ann hatte mitnehmen wollen, um auf die Geburt meiner Wilde-Zahlen-These anzustoßen, lag noch immer im Kühlschrank.
«Glaubst du an diese Art von Romantik?», fragte Betty lachend. Aus Angst, sie könnte mich gekränkt haben, fügte sie sofort hinzu, es sei eine wundervolle Nacht gewesen, sie wisse aber noch nicht genau, was sie davon halten solle, sie sei durch ihre letzte Erfahrung sehr vorsichtig geworden und wir müssten alles eins nach dem anderen tun. Ich versicherte ihr, dass ich ihr voll und ganz zustimmte, das Champagner-Frühstück sei in der Tat eine alberne Idee gewesen.
Nach diesem vorsichtigen Hin und Her fiel die Umarmung, mit der wir uns voneinander verabschiedeten, überraschend leidenschaftlich aus.
Dann war ich wieder allein, und in meinem Apartment herrschte Stille. Keine Anrufe mehr, keine Blumen oder Frauen an der Tür. Die Götter gewährten mir keine letz-

te Frist; der Zeitpunkt war gekommen, mich der Wirklichkeit zu stellen. Ich konnte mich nicht überwinden, ins Institut zu gehen, um das Chaos in meinem Büro zu beseitigen; statt dessen ging ich zum Faxservice auf der anderen Seite des Parks und ließ dem Chefredakteur der *Number* eine Nachricht zukommen:

Sehr geehrter Herr Goldstein!
Sie haben gerade – oder werden in Kürze – ein Manuskript von mir erhalten, in dem ich eine These bewiesen zu haben glaubte.
Der Beweis enthält jedoch einen fundamentalen Fehler und ist aus diesem Grund für eine Veröffentlichung nicht geeignet. Sie können mein Manuskript als nicht abgesandt betrachten.
Bitte entschuldigen Sie die Unannehmlichkeiten.
Hochachtungsvoll
Isaac Swift

Das Fax zu schreiben und abzusenden nahm nicht viel Zeit in Anspruch, kurz und – relativ – schmerzlos. Ich musste sogar über die «Unannehmlichkeiten» lachen, für die ich mich entschuldigt hatte und die auf das Wegwerfen eines ungeöffneten Briefumschlags hinauslaufen würden.

Auf dem Heimweg machte ich noch einen kleinen Umweg durch den Park. Am Teich setzte ich mich auf eine Bank und hoffte, die Betrachtung der Wasserrosen und der Grünanlagen könnte mich in eine meditative Stimmung versetzen. Die Wagenladungen voller Sympathiebekundungen und vor allem die Nacht mit Betty hatten meinen Sturz abgefangen; das entband mich jedoch nicht von der Pflicht, Rechenschaft über das Geschehene abzulegen. Mein Kampf mit den wilden Zahlen war ein letzter Alles-oder-Nichts-Versuch gewesen, meine Karriere wieder in Gang zu bekommen. Jetzt stand ich mit leeren Händen da. Auf die eine oder andere Weise würde ich für meinen Fehler büßen. Es war erniedrigend, darauf warten zu müssen, dass mich der Fakultätsrat vorladen und mir empfehlen würde, mich nach etwas anderem umzusehen. Und dieser Tag würde ohne Zweifel kommen, vielleicht schneller, als ich jetzt dachte.

Sollte ich der reinen Mathematik lieber Adieu sagen und in den Westflügel unseres Gebäudes umziehen? Zu den Informatikern, wo ich mich als anonymes Mitglied eines Teams an der Entwicklung von Expertensystemen beteiligen könnte, oder was immer es auch war, womit die Jungs sich dort beschäftigten, um uns das Leben in der modernen Gesellschaft noch einfacher zu machen. Ich würde meine hoch gesteckten Ziele über Bord werfen und mich zur Abwechslung mal nützlich machen, ein bescheidenes, aber notwendiges Rädchen in der Maschinerie des Fortschritts. Doch würde es mir gelingen, meine Aversion gegen Computer zu überwinden?

Eine andere Option wäre, der Universität ganz und gar den Rücken zu kehren. Ich könnte immer noch Lehrer an einer High-School werden (in den Fußstapfen von Herrn Vale!) und alte Wahrheiten weitergeben, statt den Anspruch zu hegen, neue zu entdecken. Die Aussicht auf eine Klasse voller rebellischer und pubertierender Jugendlicher, von denen die meisten die Mathematik hinschmeißen würden, wenn sie die Wahl hätten, war aber nicht sehr erhebend. Etwas Drastischeres vielleicht, beispielsweise in ein Land der Dritten Welt reisen und dort Waisenkindern in einem Flüchtlingslager das Rechnen beibringen? Mir fehlte jedoch zum einen der Mut, alles aufzugeben, und zum anderen die Überzeugung, dass es den Kindern etwas bringen würde, Zahlen zusammenzuzählen.

Ich kam keinen Schritt weiter. Wenn ich doch nur mit Dimitri reden könnte! Eine einzige Bemerkung, ein einziges Mal seine väterliche Hand auf meiner Schulter, und ich würde genau wissen, was ich zu tun hätte. Aber mir war schmerzlich klar, dass er mich nicht mehr sehen wollte ... Oder versuchte er gerade, mich zu erreichen, während ich hier im Park saß? Eine eitle Hoffnung. Erneut erwog ich, selbst die Initiative zu ergreifen und ihn anzurufen. Doch was sollte ich ihm sagen? Musste ich mich bei ihm entschuldigen? Dass er selbst nicht ganz frei von Schuld war, machte die Sache noch peinlicher. Jedes Schuldbekenntnis meinerseits würde ihn unwillkürlich an seinen unglücklichen Anteil an der Affäre erinnern.

Als ich den Park verließ, war ich immer noch nicht zu einer befriedigenden Lösung gelangt. Ich kaufte Blumen für meine Mutter und überlegte, was ich meinem Neffen und meiner Nichte mitbringen könnte. Da Onkel Isaac keine Ahnung hatte, welche Geschenke für Sechs- und Vierjährige geeignet waren, beließ er es bei Schokolade. Das Familienessen füllte meinen Sonntagabend. Es machte sogar Spaß, alle wiederzusehen, und meine düstern Gedanken über meine Zukunft als Mathematiker wurden vorübergehend von fröhlichen und schrillen Kinderstimmen übertönt.

Montagmorgen blieb mir nichts anderes übrig, als den Bus zum Campus zu nehmen.

Larrys Tür stand wie immer offen und ein Blick den Flur entlang verriet mir, dass auch Dimitri da war: Ein Sonnenstrahl, der durch sein Büro auf den Gang fiel, wurde von dem sich bewegenden Schatten seiner Gestalt gebrochen. Aus Angst, er könnte jeden Moment herauskommen, öffnete ich rasch die Tür zu meinem Büro und schlüpfte hinein. Als sich meine Augen an das grelle Sonnenlicht gewöhnt hatten, sah ich, dass Dolores, unsere Reinemachefrau, das größte Durcheinander bereits beseitigt hatte. Vor dem Aktenschrank war eine Stelle in dem blauen Teppich, die vom vielen Schrubben heller geworden war, mittendrin ein paar dunkle Flecken, vermutlich Blut. Unter meinem Schreibtisch, wo ich verletzt gelegen hatte, entdeckte ich eine zweite helle Stelle mit dunklen Punkten. Alle Papiere waren zusammengeschoben worden und lagen unregelmäßig aufeinandergestapelt auf meinem Schreibtisch, zerknittert, zerrissen und mit meinem und Vales Blut durchtränkt.

Ich widerstand der Versuchung, alles wegzuwerfen, eine symbolische Tat, die das ganze Jahr als misslungen abgestempelt hätte. In der Hoffnung, es gäbe noch etwas zu retten, prüfte ich eine Seite nach der anderen. Meine bandagierte Hand legte ich wie einen Briefbeschwerer auf den Papierstapel, während ich mit der anderen Hand die auffälligsten Knicke und Eselsohren glatt strich. Lustlos machte ich mich daran, die Papiere zu sortieren, die vage Vorstellung im Hinterkopf, wieder an meine bescheidene Untersuchung der Kalibratormengen anzuknüpfen. Doch schon bald verlor ich den Mut, und mit jedem neuen Blatt Papier, das ich in die Hand nahm, wurde meine Aufmerksamkeit weniger von meinen mathematischen Notizen als von den dramatischen Formen der Blutflecken gefesselt.

Wie eine Serie von Rorschach-Tests lösten diese allerlei Assoziationen bei mir aus und ich versuchte mir vorzustellen, wie ein Psychiater sie interpretieren würde. Plötzlich regte ich mich über mich selbst auf, und ich schob alle Papiere auf einen Haufen. Es gab nur eine einzige psychologische Erklärung für das, was ich gerade tat: Ich musterte die Blutflecken, um die schmerzliche, aber unumgängliche Konfrontation mit Dimitri hinauszuzögern.

Larry bemerkte mich nicht, als ich an seinem Büro vorbeiging. Er sperrte gerade seinen Mund auf, um ein riesiges Stück von einem Donut abzubeißen. Dankbar, dass mir seine witzigen Bemerkungen wenigstens einmal erspart blieben, strebte ich weiter auf Dimitris Büro zu.

Ich erschrak über den Anblick, der sich mir dort bot. Überall lagen Bücher und Ordner, vollgestopft mit Papieren: auf seinem Schreibtisch, auf allen Sitzmöglichkeiten und in Stapeln vor dem Fenster. Dimitri ging zwischen dem teilweise demontierten Bücherschrank und einem stetig wachsenden Hochhauskomplex aus Kartons hin und her. Es hatte den Anschein, als wäre er übers Wochenende um Jahre gealtert, als hätte er abgenommen und etliche Haare verloren.

«Oh, du bist das, Isaac», sagte er, als er mich nach einiger Zeit bemerkte. «Wie steht's mit deiner Hand?»

«Ausgezeichnet», sagte ich. «Was machst du denn da?»

«Etwas, was ich schon vor ein paar Jahren hätte tun sollen», sagte er erschöpft lächelnd. «Ich gehe in Rente.»

«Wegen ... meiner These?»

Er kniete sich hin, um einen weiteren Karton zusammenzufalten. Anschließend verstärkte er den Boden mit einem Streifen Klebeband. «Den richtigen Zeitpunkt zum Aufhören zu finden, ist eine Kunst», sagte er. «Vor Jahren habe ich mir selbst feierlich versprochen, dass ich mich zurückziehe, bevor ich dumme Fehler mache.»

«Wenn jemand kündigen sollte, bin ich das», widersprach ich. «Du brauchst doch nicht für meinen Fehler den Kopf hinzuhalten!»

«Das tue ich auch nicht. Ich büße für *meinen* Fehler.»

Seine Worte konnten meinen Schmerz nicht lindern. Dimitri zu verlieren war die schlimmste Strafe für mein Versagen, die man sich vorstellen konnte, viel schlimmer, als wenn ich zu den Informatikern übersiedeln oder der Universität ganz und gar den Rücken kehren würde.

«Verstehst du, Isaac? Dieser Zirkus mit den wilden Zahlen war ein erstes Zeichen. Solch einen fundamentalen Fehler zu übersehen, ist unverzeihlich. Und es kann nur noch schlimmer werden. Ich darf nicht tatenlos zusehen, wie meine mathematischen Kräfte langsam nachlassen. Nein, es ist besser, wenn ich meine Aufmerksamkeit anderen Dingen zuwende, jetzt, da ich das noch aus freien Stücken tun kann.»

Als wollte er seinen Worten Taten folgen lassen, nahm er einen neuen Stapel Bücher und bückte sich, um sie vorsichtig in den gerade zusammengefalteten Karton gleiten zu lassen. Als er den gequälten Blick in meinen Augen bemerkte, nickte er freundlich. «Du brauchst dir keine Vorwürfe zu machen», versicherte er mir. «Wirklich nicht. Ich habe viele glückliche Jahre im Reich der

Zahlen verbracht, und nun ist der Zeitpunkt zum Abschiednehmen gekommen. Die Mathematik hat mir alles gegeben, worauf ich gehofft hatte, und noch sehr viel mehr ... die Lösung des Problems der wilden Zahlen natürlich ausgenommen. Ich hatte gedacht, dass ich meine Lektion vor dreißig Jahren gelernt hätte, als die wilden Zahlen mich warnten, dass ich den Höhepunkt meines Könnens erreicht hatte und dass ich ihr Geheimnis nicht frontal attackieren dürfe, sondern sie umkreisen und mich ihnen mit einer gewissen Demut nähern müsse. Offenbar musste meinem Erinnerungsvermögen ein wenig auf die Sprünge geholfen werden.» Er schaute sich um und kratzte sich hinter dem Ohr. «Mein Gott. Ich räume schon den ganzen Morgen auf, und das Durcheinander wird immer schlimmer.»

Während Dimitri prüfend die Titel der letzten Bücher auf dem obersten Regalbrett musterte, rief eine Stimme in mir: Und ich? Was soll ich denn jetzt tun? Doch ich musste mich beherrschen. Ich durfte mich nicht aufführen wie ein kleines Kind, das ungeachtet der ernsten Lage ohne Unterlass quengelt, weil es Süßigkeiten haben will. Als Zeuge eines dramatischen Augenblicks im Leben eines anderen hatte ich nicht das Recht, die Aufmerksamkeit auf mich zu lenken. Schweigend blieb ich in der Türöffnung stehen, während er weiter einpackte.

«Es hat wohl keinen Sinn, dich zu bitten, deine Entscheidung noch einmal zu überdenken?», fragte ich.

«Auf keinen Fall!»

Verzweifelt suchte ich nach den richtigen Worten, um ihm deutlich zu machen, wie viel mir seine Freundschaft in all den Jahren bedeutet hatte, um ihm zu sagen, wie furchtbar mir zu Mute war, dass es so hatte enden müssen, um meine tiefe Bewunderung und Liebe in prägnante Worte zu kleiden.

«Die Fakultät wird ohne dich nicht mehr sein, was sie war», stammelte ich.

Dimitri hörte mich noch nicht einmal. Er hatte sich wieder hingekniet und schaute mit einem schmerzlichen Blick in einen Karton. «Was machen diese Bücher hier? Ich sollte sie der Bibliothek überlassen und dieses Buch wollte ich mit nach Hause nehmen. Oder kannst du noch etwas damit anfangen?» Er hielt ein dickes Algebrahandbuch aus den fünfziger Jahren in die Höhe. «Wohl kaum.» Er warf es wieder in den Karton. «Und was soll das hier um Himmels willen? Mein Gott, jetzt muss ich den hier auch wieder auspacken.»

Als ich ging, kroch er auf dem Boden herum, auf der Suche nach dem richtigen Karton für den Stapel Bücher, den er unter dem Arm hatte.

12

Es ist September. Meine Übung für Erstsemester hat heute Morgen angefangen. Während die neuen Studenten zögerlich den Hörsaal betraten – dieses Jahr waren nur drei Mädchen unter ihnen –, behielt ich einen bestimmten Platz in der ersten Reihe im Auge, um zu sehen, ob sich ein älterer Herr mit einer schweren Tasche dort hinsetzen würde. Aber der Platz blieb leer.

Nach der Übung hatte ich eine Arbeitsbesprechung mit Harvey Mansfield, dem Experten für künstliche Intelligenz, der mich zusammen mit Dimitri zur Uniklinik begleitet hatte, um meine blutende Hand versorgen zu lassen. Vor ein paar Wochen war er mir vor dem Eingang unserer Fakultät über den Weg gelaufen. Bis zu diesem Zeitpunkt hatten wir noch kein vernünftiges Wort miteinander gewechselt. Er fragte mich, wie es mir ginge, und wir unterhielten uns eine Weile über unsere Arbeit. Er interessierte sich stark für Kalibratormengen, die seiner Meinung nach möglicherweise einen Beitrag zur Verfeinerung einer bestimmten Gruppe von Programmiersprachen leisten könnten. Das eine führte zum anderen und jetzt arbeiten wir gemeinsam an einem Aufsatz, der hoffentlich bald im *New Journal of Artificial Intelligence* erscheinen wird. Nicht gerade dasselbe Kaliber wie die *Number* und ich hege auch noch immer gewisse Bedenken gegen dieses Fachgebiet, aber es tut sich wenigstens wieder etwas.

Heute Nachmittag sah ich in meinem Büro gerade meinen Beitrag zu diesem Artikel durch, als Peter und Sebastian bei mir hereinschauten, um mir mitzuteilen, dass sie in den Sommerferien ein Verfahren entwickelt hatten, mit dem sie das Problem der wilden Zahlen zu lösen hofften. Zuerst war ich sprachlos. Dass sie ausgerechnet mich damit zu belästigen wagten! Doch ihre Unverfrorenheit hatte auch etwas Entwaffnendes, und ich konnte ihnen nicht ernstlich böse sein. Als sie mir im Überschwang ihrer jugendlichen Begeisterung ihren Einfall darlegen wollten, unterbrach ich sie sofort mit einem Einwand: So würden sie das nie schaffen, aber um das einzusehen, waren gründliche Kenntnisse von Riedels Beweis bezüglich der zahmen Zahlen erforderlich.

Sie schauten einander verwundert an. Beide hofften, dass der jeweils andere als Erster das Wort ergreifen würde. Schließlich war es Sebastian, der mich bat, ihnen Riedels Absichten zu erklären.

Ich zögerte. Seit den unglückseligen Ereignissen gegen Ende des letzten Semesters hatte ich die wilden Zahlen aus meinen Gedanken verbannt. Außerdem musste ich noch in die Stadt, um ein Hochzeitsgeschenk für Stan und Ann zu besorgen; die Zeit drängte allmählich, sie wollten nächste Woche heiraten.

Um Peter und Sebastian nicht zu enttäuschen, stimmte ich doch noch zu in der Annahme, es werde nicht lange dauern: Ohnehin würden sie Riedels Gedankengängen nach ein paar Schritten nicht mehr folgen können. Zu meiner Überraschung ließ dieser Augenblick aber auf sich warten. Nach zwei Stunden und fünfundvierzig Minuten hatten wir den ganzen Beweis durchgesprochen und Peter und Sebastian hatten keine Fragen mehr. Begeistert verließen sie mein Büro.

Es war schon spät. Da ich zu müde war, mich auf die Suche nach einem Geschenk für Stan und Ann zu machen, fuhr ich mit dem Rad nach Hause. Die Sonne war bereits untergegangen, als ich in den Park ging, um wie immer eine Runde zu joggen. Mal wird mein Kopf beim Laufen ganz klar, mal spukt mir irgendein Hirngespinst penetrant im Kopf herum. Heute dachte ich an alles und gar nichts.

Nach dem Duschen habe ich mich mit einem Bier auf den Balkon gesetzt. Für diese Jahreszeit ist es noch angenehm warm.

Morgen Abend werde ich mit Betty in die Stadt gehen und meinen Geburtstag feiern.

Fünfunddreißig plus eins gleich sechsunddreißig.